SUGAR FLOWERS

擬眞糖花極致美學

從基礎技法、配色到初中高階花型、蛋糕裝飾、比賽用花，
揭開糖花的美麗秘密

Owner & Founder of Sweet Crafts by Tina

Contents

Foreword
作者序
p08

chapter
1

Tools & Materials
製作糖花的工具與材料

chapter
2

Entry Level
入門花型

chapter

3

Basic
基礎花型

chapter

4

Intermediate
中階花型

chapter 5

Advanced/Master Class
進階花型

chapter 6

Decorative leaves
裝飾用葉型

A

Appendix
附錄

Foreword

「糖花？！糖真的可以做成花？」2016年的某一天，我對於
用糖可以製作花卉產生了莫大的好奇。開始在網路搜尋相關
的資訊，但中文的資料與影片似乎比較少。於是從找尋國外
關於糖花的製作介紹與資料開始自學起，爾後找到台北糖藝
術工房奠定基礎。也就這樣開啓了研究糖花與蛋糕裝飾的旅
程。從好奇、喜愛到專研持續的學習與分享，成了我工作之
餘在生活中的最大樂趣。

這幾年來每天在Facebook與Instagram發表文章成了習慣，回
顧學習初期所做的花，再與目前的作品比較，可以得到一個
結論，『熱情』與『耐力』是成就事物的基礎。比方說，最
一開始我做的繡球花芯像綠豆那樣大，漸漸熟悉上手後，做
出來的花芯尺寸和芝麻差不多大，有如擬真花的大小。

糖花在我們目前的生活環境裡還有相當大的努力空間，它是
藝術，更是生活的一部分。喜歡做做蛋糕的朋友，放上自己
用安全食品材料做的糖花，可以帶給大家驚豔與歡樂。做好
的花卉放在花器上就是十足的藝術創作。

本書的原意是希望藉由此著作可以將個人在這幾年累積的經驗做分享，包含細節、技巧與精彩的組合運用，這書會是值得放在桌上且經常用得上的參考書，希望美麗的糖花能帶給你們好心情。

今年有出書的機會要感謝幸福文化的選擇，編輯、攝影師與其他參與完成著作的行銷同仁。也藉此機會謝謝曾經教導過我的國內與國際知名老師們。特別要感恩的是我的家人，讓我在充滿愛與支持的環境下發展。女兒給予正面的評論與協助，先生總是在背後給我鼓勵與支援，從不嫌棄家裡太多的糖花和蛋糕裝飾作品。

最後要謝謝所有翻開這本書的你們，藉由這美好的事物與祝福傳送到您的手上。書中每朵自然擬真、甜甜的花朵請大家慢慢欣賞～

Tina Chen 2020.10

Chapter1

Tools&
Materials

製作糖花的工具與材料

糖花是源自十九世紀英國的悠久工藝,是蛋糕裝飾藝術的要
角,在正式開始學習糖花製作以前,先認識一下工具與材料的
屬性,以及塑形的基本練習。

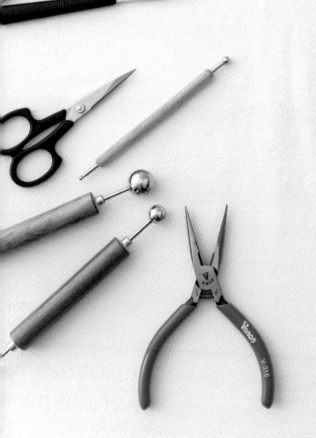

About Sugar flowers

糖 花 製 作 的
美 學

從事糖花教學以來，最常被學生們問到的問題就是：「要做出這麼漂亮的花應該很難吧？！」通常我的回答是：「那你喜歡糖花嗎？」如果答案是肯定的：「喜歡。」那麼答案就揭曉了！

因為喜歡、有興趣或好奇，那麼就有了開始接觸糖花的契機，學習也就這樣開始的。在過去，或許糖花或蛋糕裝飾藝術還不是非常普及，也許設限在材料工具上的取得，糖花課程與大家普遍認識的糖霜餅乾學習費用相比之下費用偏高，因此被認為非大眾化的一門藝術課程。但是，目前台灣已有多家的專門供應商家，同時網路購物在國際間非常便利，本地也有相當不錯且知名的師資，各種環境資源都能滿足學生們的需求。

事實上，糖花或蛋糕裝飾在許多的國家是休閒活動，許多家庭主婦或有些紳士們喜歡聚在一起做做糖花、紓壓聊天，沒有年齡的限制，使用安全可食用的材料來做各種花朵，成品可拿來觀賞或應用在翻糖蛋糕的裝飾上，因此捏塑糖花成了最佳的休閒。談到專業的部分，在糖藝術的國際賽事中，糖花是重要的比賽項目之一，有越來越多的餐飲科系師生參與。

編寫這本書就是朝教學書來撰寫，談談從入門到高階的糖花及蛋糕裝飾技巧與心得，完整地分享我個人的經驗。

首先認識材料－塑糖，故名思義就是「可以塑形的糖」。超細糖粉加上產生膠質延展性的材料，能在自然空氣中乾燥成形。塑糖可自製也有市售的可供學習者選擇，本書中也有提供我個人研究的塑糖配方供讀者參考。

再談到工具，由於科技日新月異的進步，製作糖花的切模、矽膠模是根據真花的脈紋製成，先使用棍棒壓糖片，再將它放在矽膠模中壓出來，要不擬真也很難。在此要特別提示的是，工具的操作使用是製作過程的要件，不同的造型筆及使用的角度會在整型花瓣與葉片的過程中呈現不同效果。只要掌握糖的狀態，在醒糖下塑型的時間內利用棍棒整型筆推壓和手指捏塑，那麼花葉的姿態就能完整呈現囉。

最後談一下糖花的擬真效果，在正式比賽時，當然每個部分都得如實到位，才能得到高分，但從裝飾蛋糕生意的觀點來看，時間是成本關鍵，所以，如果可以掌握花的重點製作，就相對增加了蛋糕的價值。在本書中，我將提到可以有效率製作出擬真糖花的製作訣竅，希望能解決學習者在做糖花時可能遇到的困難。

現在，換另一個專業角度來看這門藝術，所有好的作品都來自於基本功，先是花朵植物本身的細節，進而講求作品色彩和組合的搭配與和諧，讓作品在視覺感受上會予人舒服溫暖與真實的美好感受。在正式製作糖花以前，我將詳細說明塑型基本動作並分享基本功的要點，最後建議記得多觀賞真花與花朵姿態，這對於製作糖花絕對有很大的幫助。我個人常會買鮮花回家解構研究，分析記錄每個部位與細節、觀察花芯花瓣組成與花莖葉片線條，慢慢地，就能培養出對於花朵的掌握度。

或許沒有糖花學習經驗的朋友會問：「這樣我們可以做得來嗎？」當然可以！先決條件是常常練習，這是不二法門。誠心地感謝您翻開這本書，那麼，請大家一起把這本書慢慢仔細閱讀，從入門開始一步一步跟著做，相信您也能從中感受到糖花的魅力與樂趣。

Basic Tools
基本器具

我們都知道工欲善其事，必先利其器，以下要先一一說明製作糖花時會用到的基本工具名稱以及使用功能，並說明材料運用及使用範圍。

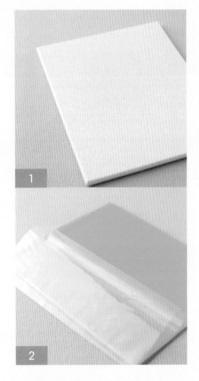

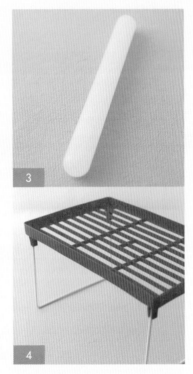

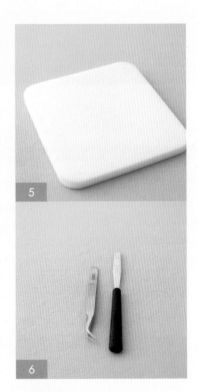

1. 糖花工作板
   Non - Stick Board
   材料為：聚乙烯（PE）或聚丙烯（PP）材質較硬的塑膠製品，其表面平滑，在擀糖片時可以避免糖片被黏在板塊上。

2. 花葉瓣保濕膠片
   Petal protector
   將預先切好的花葉瓣放置在兩面防沾的保濕膠片間，可避免整型前過早乾燥。

3. 防沾擀麵棍
   Non - stick rolling pin
   與工作板同材質，主要擀平壓薄糖片時使用。

4. 掛勾架 Hanging rack
   倒掛待乾花瓣及葉片，在許多生活用品店可買到這樣的架子。

5. 海棉墊 Sponge pad
   是密度較高的海棉墊片，具有彈性，為花瓣葉片整塑型時使用。

6. 鑷子與小平刀 Tweezers and Mini palette knife
   鑷子是運用於夾出花芯、花苞或花瓣突起處；小平刀則利於從工作板上拿取擀壓的薄花瓣與葉片，同時可用在製作花芯、花苞的脈紋。

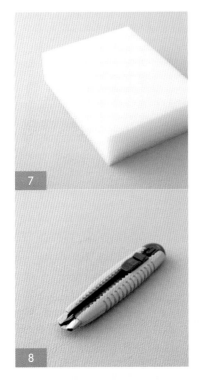

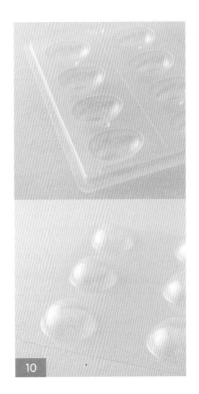

7. EPE發泡墊 EPE form pad
穿有鐵絲的花瓣葉片可先插
在墊片上待乾。

8. 美工刀 knife
用來切割保麗龍。

9. 尖嘴鉗
Pliers with wire cutters
可以剪鐵絲，以及它的尖嘴
能用來夾鐵絲並做出彎勾，
組合花卉時還能協助調整花
朵角度方向。

剪刀與小彎剪刀
Scissors and a curved small
scissors
用於細部修剪花葉瓣、花萼
鬚毛和花苞瓣時使用。

10. 半圓及蛋型塑膠器皿
Plastic half sphere molds
and Egg box
已整型造型好的花瓣可放在
此器皿上，在待乾過程中維
持花瓣形狀。

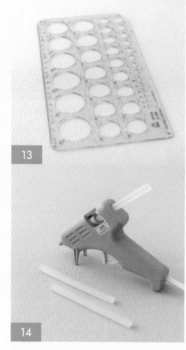

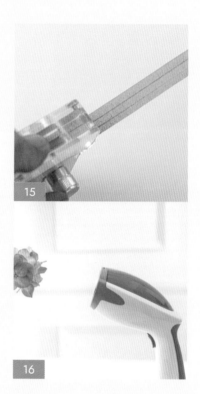

11. 大小湯匙
Spoons
不同尺寸的湯匙可用來幫花
瓣定型時使用，放置其中待
乾，讓形狀完美。

13. 量尺 Crafts ruler
用於測量翻糖塑糖尺寸份
量，藉此取得比較正確的花
葉大小。

15. 花藝膠帶切割器
Tape shredder
分割花藝膠帶，有兩段式選
擇，可分割成對半或3等份
使用。

12. 大小圓頭刷筆與尖頭細筆
Paint brushes
刷色和畫花紋路時使用。

14. 熱熔膠槍 Hot glue gun
需和熱熔膠一同使用，可
將保麗龍與鐵絲接合。

16. 蒸汽器具
Steam equipment
上色後的花瓣或葉片可使用
蒸汽3至4秒左右，就有定色
效果。

Modeling Tools

糖 花 造 型 工 具

為讓糖花呈現出最好的效果，通常會需要不同的糖花造型工具組，另外還有壓出花瓣和塑型用的切模與矽膠模。

使用造型工具的目的
糖花造型工具組的內容包含整型筆、造型筆、針筆…等，它們通常有兩頭形狀，用途也不同，能讓創作者易於塑型花瓣紋路與邊緣，還有葉片脈紋…等，可以做出非常細緻真實的效果。

糖花矽膠模與切模的選購注意
由於糖花多數用於蛋糕裝飾，因此選購切模與矽膠模時，要留意用料的品質需無毒、安全，而矽膠模的材質必須百分之百符合食品使用等級。

A PME整型筆
PME modeling tool
用於推薄糖花花瓣與製造出波浪效果。

B JEM整型筆
JEM modeling tool
可分別運用寬窄頭畫出花瓣脈紋之粗細,可做出花瓣邊緣回捲的效果。

C 球型棒 Ball tool
不同尺寸大小的雙頭球型棒用於推薄花瓣葉片邊緣,以及滾壓花瓣,以呈現出杯形的外觀。

D 直角尖頭整型筆
Angel fine tip modeling tool
加強內層的花瓣捲度。

E 針筆 Needle tool
用於花瓣邊緣外翻微捲,能使花瓣有展開效果。

F 輪刀筆 Cutting wheel
運用輪刀可自由切割出花瓣或葉子形狀大小,同時用於劃出花瓣或葉片中線與花苞脈紋。

G 小切刀 Knife／Scribing tool
為細小的花芯花苞切出紋路或劃線。

H 脈紋矽膠模 Veiners
以矽膠材質做出不同花種脈紋,以真實花種製出的脈紋矽膠模可讓糖花更擬真。

I 各式切模 Cutters
多數使用不鏽鋼切模,切紋較易切齊邊緣,目前切模成品大多取自真實花瓣葉片來製造出近似的花瓣與葉片切模。

J 尖頭造型筆 Celpin
有3種大中小尺寸,利用尖頭插入圓形或水滴型糖塊中心,再向外以360度旋轉做出錐形洞口,以利之後用剪刀剪開花瓣。大尺寸的尖頭造型筆可以當小擀棒使用,用於已用切模切下的花瓣上,只要推擀就有小擀棒的效果,也可將花瓣邊緣推得更薄透。

Materials

材 料

糖花的本體材料就是塑糖，另外還會用到色膏、食用色粉，來為
花朵、葉片上色時使用，以及一些輔助製作時的重要材料。

塑糖 Gum Paste
糖花的主材料，主原料是超細
糖粉加上泰勒粉與蛋白以產生
延展性。

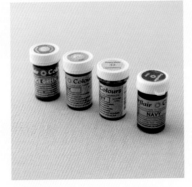

食用色膏
Concentrated food coloring
與塑糖混合調色用。

食用亮漆 Edible glaze spray
部分花瓣葉片或果實要補強真
實效果或定色時使用。

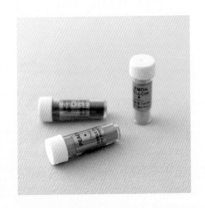

食用色粉 Petal dust
為花瓣葉片及果實上色用。

玉米粉 Cornstarch
為防止製作花朵過程中因為潮濕而有沾黏時使用。

植物性白油 Shortening
用於塗抹在整型的工具上，藉由滑動防黏以幫助花瓣葉片做出造型效果。

吉利丁粉 Gelatin powder
最常拿來充當花粉，通常會依花種花粉的狀態與色粉混色後再使用。

花藝膠帶 Floral tape
製作花莖時，可用來固定與包覆鐵絲使用。

泰勒膠水 Glue
1g的泰勒粉需加入100cc的水混勻，用來黏著糖片使用。

保麗龍球 Styrofoam balls
為減輕糖花重量與節省製作時
間會用保麗龍球，外層皆需包
覆翻糖或塑糖。

鐵絲 Floral wire
常用尺寸為18號到35號。號碼
越小、鐵絲越粗，反之號碼越
大、鐵絲越細。主要用來支撐
花瓣及葉片或花苞，也作為花
莖使用。花瓣越小的話，建議
選擇較細的鐵絲。

廚房紙巾 Paper towels
使用色粉上色時，放置色粉使
用，以及也可和花藝膠帶一同
用來包覆鐵絲，以增加花莖的
粗度。

人造花蕊、茴香 Artificial stamens Fennel
為加強花朵作品的真實效果，使用仿真花的花蕊製作。

錫箔紙 Kitchen foil
用來支柱與固定已經組合好的
花型。

Homemade Gum Paste

自製塑糖配方與製作程序

在我個人學習糖花與蛋糕裝飾的過程中，曾不斷嘗試尋找好用的塑糖，因為希望它具備好的延展性、更佳的可塑度及降低製作時破損的風險。

在本章提供的自製塑糖配方源自2018年我在香港學習的糖花課程，那時獲得從德國到香港教學的Eugenie老師提供的配方，也做了些微調整，終於得到目前滿意的自製塑糖。市售的塑糖產品有許多品牌可供學習者選擇使用，建議大家多多嘗試比較，一定能找到最合適自己的素材。

PREPARATION

材料用具

泰勒粉 10g
蛋白 36g
超細糖粉 500g
　　分成糖粉A：150g
　　　　糖粉B：350g
吉利丁粉 12g
水 36-38cc
葡萄糖漿 37-40g
白油 1-1.5 TS

註
配方中的水及糖漿份量需
依環境的濕度做調整，在
較乾燥的環境下，水量需
增加。

作法

1. 準備糖粉A150g以及糖粉B 350g。

2. 在糖粉A150g中加入10g泰勒粉後混勻。

3. 吉利丁粉12g加水36cc攪拌一下，用小火隔水加熱繼續攪拌至吉利丁完全溶解，將37g糖漿倒入上述的混合物，稍微加熱後離開火源，此時加入白油後等待溶液回到常溫。

4. 將蛋白液36g、冷卻後的吉利丁、葡萄糖漿、白油混合液與糖粉B350g用攪拌槳一起攪拌，時間約5分鐘，糖的顏色會逐漸變得更白。

5. 再將作法2的泰勒粉糖粉混合物加入攪拌缸中，繼續攪拌1到2分鐘。

6. 用刮刀把攪拌缸中的糖集中在一起。

7. 在手上抹均勻白油，取出糖塊，搓揉成團至不沾手的狀態為止。

8. 揉好的一大塊塑糖可以分成幾小塊，以利於保存，每一塊塑糖都需用保鮮膜緊密包好並放在保鮮盒中，放室溫24小時後再移至冰箱冷藏。通常在冰箱冷藏室可以存放半年以上。

註
以上配方採用著作Tina Chen自製塑糖
(Sweet Crafts by Tina教學專用)

Practice

基 本 塑 型 動 作 練 習

醒糖與練習塑型是非常重要的入門基礎，看似簡單的動作，卻能
影響做出來的形狀是否好看、糖片是否平整。務必先慢慢學會塑
形、擀壓、穿鐵絲、纏膠帶，熟練製作花朵前的重要基本功。

1

 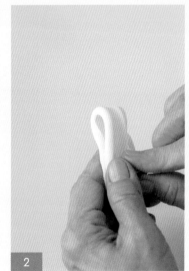

醒糖

從保鮮膜取出的塑糖先用兩手
指重複拉開黏回的動作，使糖
恢復延展性。

2

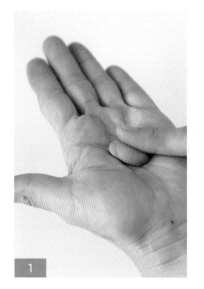

1

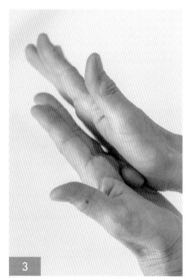

3

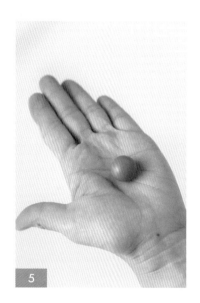

5

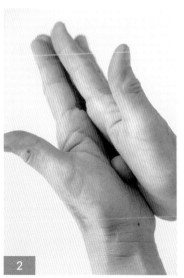

2

4

搓圓形

將塑糖至於手心窩處,兩手用
些力道以相反方向繞圈,再以
慢動作將糖塊擠壓,接著加快
速度,需迅速地搓揉,感覺糖
呈現圓形後再放慢速度,輕輕
地將兩手放開,手中的糖塊就
會呈圓形。

3

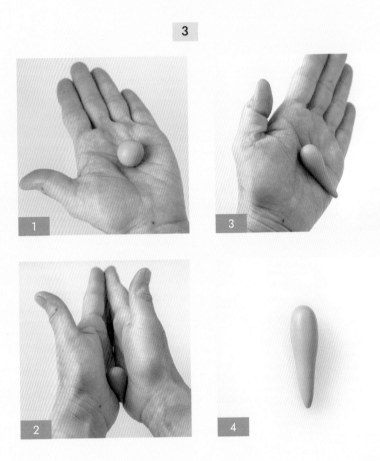

搓水滴狀

先進行糖塊搓圓形動作後，將兩手手掌心合併朝上方微開，把糖的
一端置於手掌下緣合併處，將糖塊一端在手掌下緣前後搓揉，將糖
搓成水滴狀。

4

1

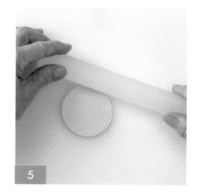

3

5

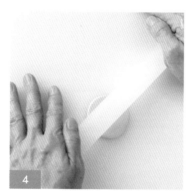

2

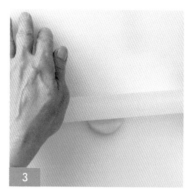

4

擀糖片

視花瓣形狀或葉型決定糖塊先搓成圓形或水滴狀，並置放於工作板
上，工作板上可塗抹一點點白油，以防擀糖片時滑動。可使用防沾
擀麵棍，每次需以平均力道完成每一次推壓的動作，盡量勿於「推
滑糖片過程中間停滯再推」，容易造成糖片凹凸不平。

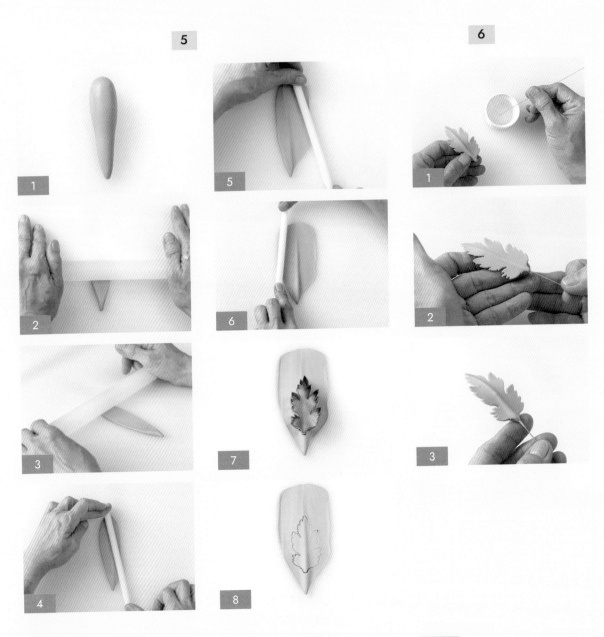

糖片中脊線

用防沾擀麵棍先將糖片擀平約0.2cm厚度，用防沾擀麵棍或尖頭圓柱造型筆約微5度斜放成錐形角度，預留中間脊線穿鐵絲的厚度，將糖片分別往兩側往外推薄，以使糖片邊緣更薄。

糖片製作完成後，再用切模對準中間脊線，切下糖片。

穿鐵絲

穿鐵絲的動作是為了能支撐糖片花瓣或葉片。先擀壓並壓好糖片，將鐵絲沾泰勒膠水，以旋轉方式穿入中脊線約一半處，手指搓揉糖與鐵絲接合點，以確實固定兩者。

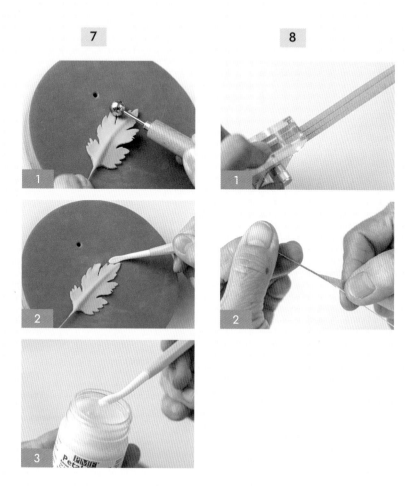

壓薄糖片

用球型筆或PME整型筆在花瓣或葉片外緣進行推壓滑動的動作，使其變得更薄與自然。倘若糖片較黏，可使用玉米粉撲在糖片上。為讓球型筆或PME整型筆在整形過程中滑順，可以在筆上塗抹一點白油。

纏花藝膠帶

將花藝膠帶稍微拉開，將黏性較強的那面貼向鐵絲，一手用拇指、食指及中指抓住鐵絲，另一手抓著膠帶將其纏繞鐵絲2-3圈，接著以45度斜角往下繼續纏繞鐵絲。注意使用平均拉力，以免膠帶過鬆而使得花莖滑動，或是過緊導致膠帶斷裂的同時震動，而使得花瓣互碰撞斷。

Chapter2

Entry Level

入門花型

在前面的工具材料及基本塑形練習動作之後，於本章節挑選的
入門花型都與基礎的塑形、工具使用練習有關。藉由簡單的製
作過程，先奠定好糖花的基礎。

丁香花　　　　Lilac
晚香玉　　　　Tuberose
非洲鳳仙花　　African Touch-me-not
藍莓　　　　　Blueberries
應用　　　　　4吋蛋糕裝飾

Entry Level
塑 形 與 工 具 使 用 的 練 習

這幾款入門花是示範最基本的糖花技法，以及如何運用糖花造型
工具，透過對於形狀的了解、練習塑形，對於剛開始製作糖花的
你會有一定程度的幫助。

1 圓形和水滴狀是製作糖花的最基本的動作練習。

2 如何用擀麵棍擀平糖片與做出中脊脈的厚度，以利穿過鐵絲，並且不容易將鐵絲露出。

3 正確地使用球型棒及PME整型筆推壓花瓣弧度，進而做出漂亮的波浪狀花瓣。

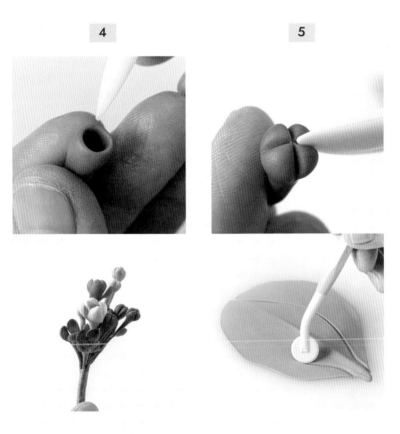

練習使用尖頭造型棒做出錐形
口以及組合重瓣花瓣。

靈活運用小切刀與輪刀在花苞花
莖上，流暢劃出線條與切痕。

丁香花有白色、粉紅色、紫色、藍紫色花朵，由4片小花瓣組成的。無論是全開半開的丁香花，大多數的花瓣每瓣都呈現微凹弧形，加上大小聚集的花苞更顯可愛。同時一株花瓣有不同深淺，色彩非常亮麗，它在藝術蛋糕的組合上是非常適用的花卉，尤其是組花時填補空隙用的好選擇。

flower 01

Lilac

丁 香 花

PREPARATION

材料用具

A. 糖花工作板、防沾擀麵棍、海棉墊、EPE發泡墊、剪刀、尖嘴鉗、刷筆

B. 糖花造型基本工具組、泰勒膠水、玉米粉、白油、葉子矽膠模

C. 白色塑糖、紫色色膏、葡萄紫色色膏、苔綠色色膏，草綠色色膏、紫色色粉、非洲紫色色粉、檸檬綠色色粉、吉利丁粉混黃色色粉、花藝膠帶、28號鐵絲、30號鐵絲

製作重點

在整形全開、半開或含苞花朵時，需將每片花瓣的瓣緣都微幅內彎。

事前準備

預先將白色塑糖染成深紫色塑糖、淡粉紫色塑糖、淺草綠色塑糖備用。

作法 STEPS

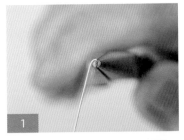

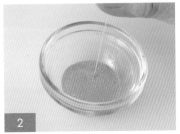

製作花芯&花朵

1. 用尖嘴鉗將30號鐵絲的頭端夾個小彎勾。

2. 鐵絲彎勾頭端輕沾上吉利丁黃色色粉，插在EPE發泡墊上待乾備用。

3. 取一小塊紫色塑糖，搓揉約2公分長的水滴狀。

4. 用細尖頭造型筆從水滴狀頂端插入，以360度旋轉創造一個錐形洞口。

5. 用剪刀將錐形洞口剪成平均的四瓣。

6. 用食指跟拇指將花瓣壓扁平，邊緣壓圓。

7. 將花朵倒放在海棉墊上用PME整型筆整形花瓣，從花瓣中心處往外推薄。

8. 將花朵倒回正面，用細頭球棒輕壓每一片花瓣2-3次，使花瓣呈現杯型微凹形狀。

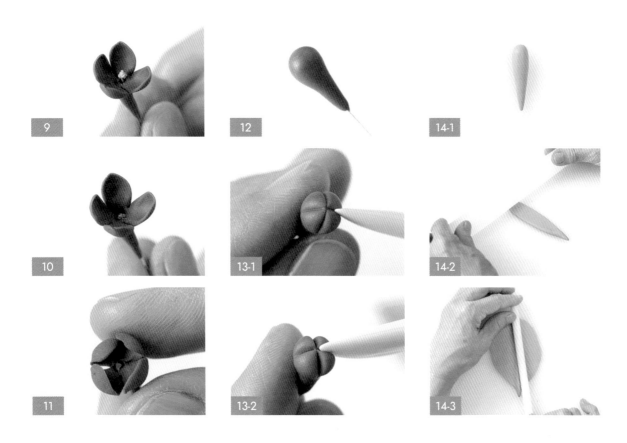

9

10

11

12

13-1

13-2

14-1

14-2

14-3

製作花苞

9. 用作法2的鐵絲沾泰勒膠水，插入花朵中心，再往下慢慢拉出，讓花瓣中心點微微露出沾有吉利丁黃色色粉的鐵絲頭端。

10. 用拇指跟食指，以旋轉方式把塑糖撫順，確定花朵底部與鐵絲完整貼合。

11. 可另做幾朵半開花瓣，按前述步驟完成後將花瓣向中間合攏。

12. 取一塊塑糖搓揉成2公分如棉花棒的形狀，用30號鐵絲沾泰勒膠水從底部插入往頭端推進，但勿插出頭頂，撫順塑糖與鐵絲貼合，移除多餘的糖。

13. 用小切刀將圓頭畫出4等份切痕。

製作葉片

14. 取一塊草綠色的塑糖在工作板上擀出中脊線，再擀成厚度一致的糖片，請參閱「基本塑型動作練習」。

15

18-1

20-1

16

18-2

20-2

17

19

20-3

製作葉片（承上頁）

15. 用輪刀切出葉片。

16. 用鐵絲沾泰勒膠水，以旋轉方式穿入中脊線約一半處並固定好接合點，將葉片放置海棉墊上，用球型棒推壓葉片邊緣變薄，再以葉片矽膠模壓出脈紋。

17. 用PME整型筆推壓葉片外緣後，用手指將葉片上緣微幅後彎，放在餐巾紙上維持葉形待乾。

花朵花苞上色

18. 用小刷筆輕沾微量的紫色，從花瓣的外緣向內刷；另取部分花朵，用紫色與非洲紫色混色，再以上述動作完成上色。

19. 用小筆刷輕沾非洲紫色色粉，由花苞圓頭頂部往下刷至花苞體1/3處，做出由深至淺的效果。

20. 用筆刷沾葉子色粉，刷上下葉面，可用檸檬綠在上緣處上色做嫩葉效果。

組裝花朵葉片

21. 用花藝膠帶將每朵花及花苞的鐵絲包覆成花莖，每朵約3公分，組合花時勿將鐵絲露出，再用花藝膠帶將3-5朵各綁成1束。

22. 將3-5小束再組合成1束，將花苞半開盛開做交錯組合並調整高低層次。

23. 最後將每1束組在一起即完成，丁香花有深紫、紫色、粉紫、粉紅及白色，可選擇深淺漸層色系搭配。

晚香玉是屬於夜來香其中一種花卉，有單瓣及雙瓣‧通常我們製作糖花時會選擇重瓣花瓣同時製作花苞，一般花朵為白色也可加入非常淡的粉紅色，用粉紅加桃紅色在花苞的頭端上色，會讓蛋糕裝飾顯得柔和又有亮點。是糖花蛋糕中非常合適選擇作為填充的花，即使是做一束放置在單層蛋糕上也非常合適。

flower 02

Tuberose

晚 香 玉

PREPARATION

材料用具

A. 糖花工作板、海棉墊、EPE發泡墊、尖嘴鉗、剪刀、刷筆

B. 糖花造型基本工具組、泰勒膠水，玉米粉、白油

C. 白色塑糖、苔綠色色膏，紅寶石色色粉、桃紅色色粉、檸檬黃色粉、奇異果綠色色粉、花藝膠帶、26號鐵絲、28號鐵絲

製作重點

此晚香玉作法為多層次花瓣重疊，建議外層花瓣做好時先保濕，在內層花瓣整型好時，去除內層尾端，並將兩層花瓣在糖片未乾時做交錯貼合成一體。同時做些半開花瓣，增加組合時的層次感。

事前準備

預先將白色塑糖染成苔綠色塑糖備用。

作法 STEPS

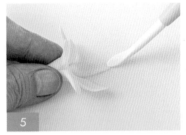

製作外層花瓣

1. 取一塊白色的塑糖，搓揉成約4公分長的水滴狀。

2. 用小剪刀剪成6片，剪開的每瓣長約1.5公分。

3. 用拇指跟食指將花瓣輕輕壓平。

4. 花朵倒放在海棉墊上，用球型棒將花瓣由內往外推壓拉長至2公分，並壓薄邊緣。

5. 將花朵正面朝上，用PME整型筆由花瓣內部往外推壓，並輕輕推壓花朵中間，讓幅度些微向內彎。再次倒放花朵，用PME整型筆從花瓣前緣輕輕回壓（其中2-3片），讓花瓣些許展開。

6. 用尖頭造型筆插入花瓣中心，繞著圓周轉動，讓花瓣中間形成錐狀洞口後先將外層花瓣放一旁。

製作內層花瓣

7. 取一塊塑糖搓揉成長約3公分的水滴狀，重複作法2-5，整型後用剪刀斜剪掉尾端的糖，以便黏貼外層花瓣。

8. 在外層花瓣錐形口處沾泰勒膠水，用尖頭造型筆插頂著內層花瓣中心，將內外層黏貼一起。

9. 用尖嘴鉗將26號鐵絲的頭端夾成小彎勾狀，沾取泰勒膠水，插進內外層中間接合處，將鐵絲繼續往下拉到看不到鐵絲的小彎勾為止。

10. 用輪刀筆在花莖畫出幾道直線紋路。把糖撫平順並貼合鐵絲，再移除多餘的塑糖。

製作花芯

11. 準備一小撮苔綠色塑糖，搓成小小水滴形約長0.3公分，再用剪刀剪成3小瓣，用拇指食指壓薄。

12. 在內層花瓣中心沾上泰勒膠水，用尖頭造型筆頂住小撮花芯花瓣，直接塞入花朵的中心。

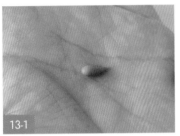

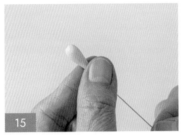

製作花萼

13. 取苔綠色塑糖搓成小水滴狀，用PME整型筆壓薄成小小葉片形至平面底寬0.6公分邊長1.5公分。

14. 將花萼包覆於每朵花底部與鐵絲接合處完成。

製作花苞

15. 取一塊塑糖，搓揉成約3公分的水滴狀。

16. 用小切刀將頭端部分畫出6等份切痕，用28鐵絲由底部往頭端插入並撫順花苞與鐵絲接合處。

17. 另再製作幾個花苞，用小切刀於頭端部分畫出6等份切痕，再用小剪刀剪開其中一兩道切痕溝，做出花瓣即將開展的效果。

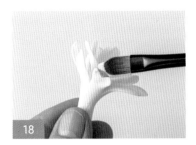

花瓣花苞上色

18. 用小筆刷輕沾非常微量的紅寶石紅色粉,選擇其中幾朵有些許外翻捲的花瓣,輕點在花瓣上緣。

19. 用小筆刷輕沾桃紅色色粉,由花苞圓頭頂部往下刷開到花苞體1/4處,輕沾紅寶石紅色粉加深頭頂處,可看出桃紅色色粉與紅寶石紅色粉的暈色效果。

花朵組合

20. 從最小的花苞開始組合,注意錯開每朵的高低層次並讓花朵朝外,在蛋糕裝飾中可把半開全開的花苞隨機綁成一束一束,或做為填充的花使用。

鳳仙花有個特徵，就是花朵下有一根長長的萼片，有些糖花的花卉種類裡也有這類花瓣或花萼，稍微翹起的花萼正是學習這朵花有趣的地方。運用在蛋糕裝飾時，鳳仙花可與花苞葉片做裝飾，亦可單朵花或與其他花一起裝飾。

flower 03

African Touch-me-not

非 洲 鳳 仙 花

PREPARATION

材料用具

A. 糖花工作板、防沾擀麵棍、海棉墊、EPE發泡墊、尖嘴鉗剪、剪刀、刷筆

B. 糖花造型基本工具組、泰勒膠水、玉米粉、白油、心型玫瑰切模，玫瑰矽膠模

C. 白色塑糖、淺粉紅色膏、檸檬色色膏、鵝莓色色膏、綠黃色色粉、葉子色色粉、花藝膠帶、28號鐵絲

製作重點

鳳仙花的花瓣只有5瓣花，所以要創造出花朵的姿態，除了用球型棒整出波浪形，要多應用拇指與食指配合，撥動調整，可增加花的動感。

事前準備

預先將白色塑糖染成淡粉色塑糖、草綠色塑糖備用。

作法 STEPS

1

3

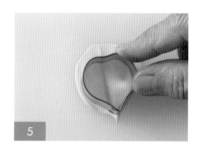
5

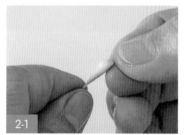
2-1

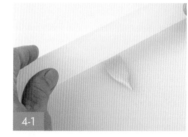
4-1

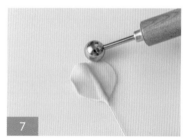
6

2-2

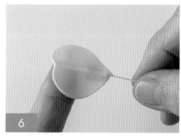
4-2

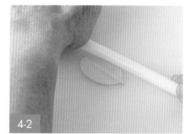
7

製作花芯

1. 用尖嘴鉗將30號鐵絲的頭端夾個小彎勾，先取一小塊檸檬色與鵝莓色混色塑糖搓揉成約0.6公分的小水滴，置在28號鐵絲彎勾處。

2. 用食指拇指捏扁小水滴頭端，用小切刀在小水滴糖塊上切出4-5條切紋，放在EPE發泡墊上待乾備用。

製作花朵

3. 取一塊淡粉紅的塑糖搓成水滴形放置防沾板上。

4. 用防沾擀麵棍擀平約0.1公分厚度，用尖頭圓柱造型筆微斜放成錐形角度，預留中間脊柱穿鐵絲的厚度，將糖片分別往兩側往外推薄，使糖片邊緣更薄。

5. 用心型玫瑰花切模（寬2.5公分*長3公分）切下糖片。

6. 用28號鐵絲沾泰勒膠水，以旋轉方式穿入花瓣脊柱約一半處並固定好接合點。

7. 使用球型棒繞著花瓣邊緣推薄，使其逐漸變薄。

8

11-1

12

9

11-2

13

10

製作花萼

8. 使用玫瑰矽膠模壓出脈紋。

9. 用PME整形筆繞著壓薄的花瓣邊緣，輕壓做出微微大波浪花瓣，重複動作完成5片花瓣。

10. 將兩片花對貼在花芯鐵絲上，用1/3寬度的花藝膠帶貼合好。

11. 再將另外3片花瓣平均貼於2片花瓣下方，同樣以1/3寬度的花藝膠帶貼合固定。

12. 取一塊檸檬黃色的塑糖搓成約4公分長的水滴形放置工作板上。

13. 用粗頭圓柱造型筆將頭端1公分向外推薄，用輪刀切出一片葉片形狀，預留花萼長長的尾巴。

14-1

16

18

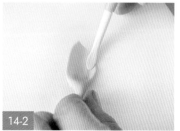
14-2

17-1

19

15-2

17-2

20

製作花苞

製作葉片

14. 將花萼尾端搓揉成細長狀，約3公分長，用PME造型筆將兩側做出弧度。

15. 沾泰勒膠水在花瓣底部，將花萼包覆於花朵底部與鐵絲接合處，再用手指將花萼的長尾巴往上翹起。

16. 取一塊白色塑糖搓成橄欖狀，長2公分*寬1.5公分。

17. 用小切刀將頭端部分畫出6等份切痕，用28號鐵絲由底部往頭端插入並撫順花苞與鐵絲接合處。

18. 取一塊草綠色的塑糖在工作板上擀出中脊線，請參閱「基本塑型動作練習」。

19. 用輪刀切出葉片。

20. 鐵絲沾泰勒膠水，以旋轉方式穿入中脊線約一半處並固定好接合點。

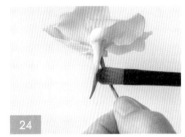

製作葉片（承上頁）

21. 葉片放海棉墊，用球型棒推壓葉片邊緣變薄，以葉片矽膠模壓出脈紋，用PME整型筆推壓葉片外緣，再用手指將葉片上緣微幅後彎。

花瓣上色

22. 用中型圓頭刷筆輕沾微量的桃紅色色粉輕刷花瓣，以不勻稱輕重刷色分佈於每片花瓣上，顯現自然粉紅色花朵的色彩。

花苞上色

23. 用刷筆輕沾草綠色色粉，由花苞底部往上刷開到花苞頭端，保留頂處些許原來草綠色塑糖的顏色，再用綠黃色色粉刷在花苞中上段，帶出色彩明亮效果。

花萼上色

24. 用刷筆輕沾酒紅色色粉，由花萼往尾端朝花朵與鐵絲接合處刷開，最後用茄色加深尾端底部。

花朵組合

25. 用花藝膠帶將3朵綁成1束，組合時可將花苞交錯組合並調整高低層次，運用在蛋糕裝飾時，單朵花分開放置。

一看到藍莓，很快就會和蛋糕聯想在一起，成熟的藍莓是已經從紫紅色變成藍色或深藍色的，是用塑糖簡單易做的果實。圓形物也是最好拿來填補裝飾空隙的選擇，同時我們可以藉由一直多次練習搓圓的動作，進而幫助加快做糖花的效率，因為製作糖花的動作中，搓圓及搓水滴狀是最基礎的技法，讓我們從中多多練習吧！

flower 04

Blueberries

藍 莓

PREPARATION

材料用具

A. 糖花工作板、防沾擀麵棍、海棉墊、EPE發泡墊、尖嘴鉗、剪刀、刷筆

B. 糖花造型基本工具組、泰勒膠水、玉米粉、白油、葉子矽膠模

C. 白色塑糖、檸檬黃色色膏、紫色色膏、海軍藍色色膏、酒紅色色粉、海軍藍色粉、白色色粉、藍紫色色粉、茄色色粉、綠黃色色粉、草綠色色粉、花藝膠帶、28號鐵絲、30號鐵絲

製作重點

藍莓製作過程非常簡單，為讓視覺效果更生動，可選擇不同顏色的藍莓來做，上色技巧要多花一點功夫，記得最後用白色色粉覆蓋表面是非常重要的步驟。

事前準備

預先將白色塑糖染成草綠色塑糖、綠黃色塑糖、淡紫色塑糖、藍紫色塑糖備用。

作法 STEPS

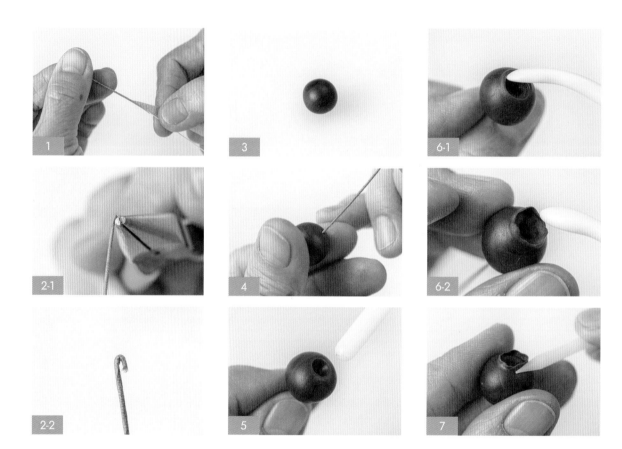

製作藍莓

1. 用1/3寬度的花藝膠帶將整支鐵絲先包覆好。

2. 用尖嘴鉗將鐵絲剪成4段並將一端夾出小彎勾。

3. 取一塊藍紫色的塑糖，搓成圓形。

4. 將鐵絲沾泰勒膠水，從圓形頂端插入往下拉到看不到小彎勾，捏和球體底部與鐵絲接合好。

5. 用中號尖頭造型筆的另一頭圓柱頭壓入圓球頂的中間處，做出一個凹陷。

6. 手指頂住凹陷邊緣突起的糖，將PME整型筆的勺子頭朝下，反方向將凹陷邊緣的糖朝上不規則的挑起。

7. 用細尖頭造型筆輔助整型果蒂，插在發泡墊上待乾，重複作法1-6做出大小顆及其他顏色的藍莓。

製作藍莓

8. 取一塊草綠色的塑糖在工作板上搓出中脊線,請參閱「基本塑型動作練習」。

9. 先用輪刀切出葉片,鐵絲沾泰勒膠水,以旋轉方式穿入中脊線約一半處並固定好接合處。

10. 葉片放置海棉墊上,用球型棒推壓葉片邊緣變薄。

藍莓上色

11. 用葉片矽膠模壓出脈紋,以PME整型筆推壓葉片外緣,再用手指將葉片上緣微幅後彎。

12. 藍紫色的藍莓使用紫色色粉,由底部往上刷;筆沾深紫色,由頭端往下刷。用藍色加強果蒂處,最後用白色色粉加非常微量的紫色,輕刷整顆藍莓。

13. 淡紫色的藍莓使用淺紫色色粉混一點點白色,由底部往上刷;另一支筆沾紫色,由頭端往下刷。

14. 果蒂的部位較深色,用小圓筆沾藍色加茄色,筆刷與上色部位垂直方向輕輕的朝中間的蒂心刷色。

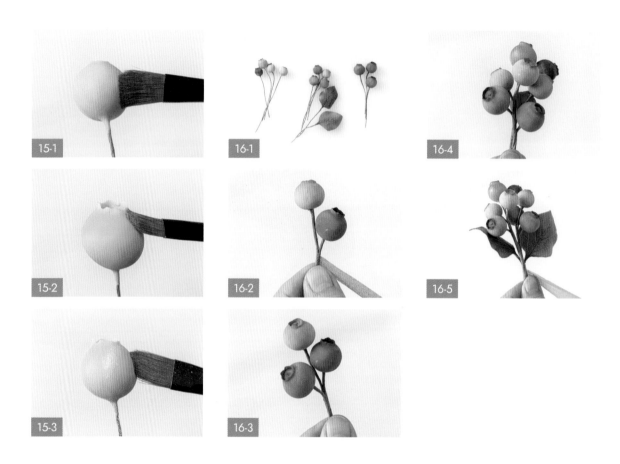

15-1
15-2
15-3
16-1
16-2
16-3
16-4
16-5

藍莓上色（承上頁）

15. 綠黃色的藍莓使用淡紫色色
粉，由底部往上刷；另一支
筆沾綠黃色由頭端往下刷，
靠近頭果蒂處用深紫色加
強，最後用白色色粉加非常
微量的紫色，輕刷整顆藍莓
表面。

16. 用花藝膠帶將3顆或5顆各綁
成一束一束，再將每一束纏
一起，組合時可將果實交錯
並調整高低層次。

4吋蛋糕裝飾

4吋翻糖蛋糕是非常實用具受歡迎的，在歐美的超市甚至都能買到。用這章節學習到的花卉來做4吋蛋糕再合適不過了。這幾款糖花色彩繽紛明亮，只要簡單地組合，在一般家庭聚會宴客尾聲時，主人端甜點上桌的那一刻，一定會非常讓親友們喜歡。

Chapter3

Basic

基礎花型

在入門花款中的幾款花，會練習幾種最基本的技法，以奠定糖
花的「捏塑基礎」。在基礎花的章節中，我們選擇廣泛運用的
糖花：繡球花、小雛菊、大波斯菊以及玫瑰花，在技術上進一
步學習不同的花芯、花蕊與花型的製作。

繡球花　Hydrangeas
雛菊　　Daisy
波斯菊　Cosmos
玫瑰　　Rose
應用　　6吋蛋糕裝飾

Basic

花芯與花型的練習

首先，要將每朵花的花芯做好做對，製作出的糖花才更有擬真效果，在這一個章節裡，我們會詳細介紹4種不同的花芯與作法。
在日後各位看到其他也雷同的花款，就可以派上用場。

1

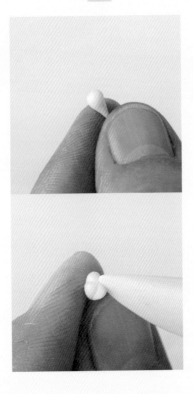

2

練習用食指和拇指控制細微糖量，做出細小花芯。

練習圓形頭座鐵絲的製作與矽膠模具的使用，做出穩固的圓頭花芯。

3	4

利用人造花芯與吉利丁粉製造　　　練習製作玫瑰花芯，運用保利
出快且擬真的波斯菊花芯。　　　　龍球再添加錐形塑糖，可以減
　　　　　　　　　　　　　　　　少糖花重量。

在Instagram或在Facebook每次有發文繡球花的時候，總是會獲得相當多的關注。繡球花的花瓣再簡單不過了，但是怎麼樣可以做出最接近真實的花，關鍵就在把小於0.3公分的花芯做出來。繡球花的組合上很容易跟其他的花搭配，也可用圓形的組合方式把花朵們做成一整球放在蛋糕的頂端處，即便簡單但卻很吸睛。

flower 01

Hydrangeas
繡球花

PREPARATION

材料用具

A. 糖花工作板、防沾擀麵棍、海棉墊、EPE發泡墊、尖嘴鉗、剪刀、刷筆

B. 糖花造型基本工具組、泰勒膠水、玉米粉、白油、繡球花切模、繡球花矽膠模、繡球花葉切模、繡球花葉矽膠模、花藝膠帶

C. 白色塑糖、蜜瓜色色膏、葉綠色色膏、紫色色粉、非洲紫色色粉、檸檬黃色粉，葉綠色色粉、葉子色色粉、24號鐵絲、33號鐵絲

製作重點

繡球花的生長方式是群聚好多單朵花再組合成1個花團，尺寸有大有小，但花芯極細小，大約0.2-0.3公分而已，所以最好能選擇33號鐵絲，這樣做小彎鉤更合適，先在花芯上劃出十字型脈紋，再將4片花瓣緊貼在花芯上，那就更擬真了。

事前準備

預先將白色塑糖染成檸黃綠色塑糖、草綠色塑糖備用。

作法 STEPS

1

2

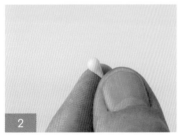
3

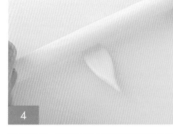
4

5

6

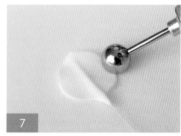
7

8

9

製作花芯

1. 用尖嘴鉗將33號鐵絲的頭端夾成閉合小彎勾。

2. 取微量檸檬黃色塑糖搓成約0.3公分的細小圓形,將糖塊插入包住鐵絲頭小彎勾。

3. 用小切刀在小圓頭上切十字,撫順糖與鐵絲的黏合處,建議一次可先做數支放在EPE發泡墊上待乾。

製作花瓣

4. 取一塊白色的塑糖搓成圓形放置工作板上,用防沾擀麵棍先將糖塊擀薄小於0.1公分厚度,用尖頭造型筆微斜放成錐形角度,分別往兩側推向外推薄讓糖片邊緣擀得更薄,僅保留中脊線的厚度,以便穿鐵絲。

5. 使用繡球花切模(寬2公分*長2.5公分)切下糖片,繡球花切模也有其他尺寸,建議可做其他大小尺寸一起搭配用。

6. 用33號鐵絲沾泰勒膠水,以旋轉方式穿入花瓣中脊線約一半處並固定好接合點。

7. 用球型棒慢慢繞著花瓣邊緣壓薄。

8. 使用繡球花矽膠模壓出脈紋,再用PME整型筆推壓花瓣邊緣做出微波浪形狀。

9. 重複作法4-8完成4片花瓣為1朵。

製作葉片

10. 取草綠色塑糖搓揉成水滴狀放工作板上，用防沾擀麵棍擀至0.2公分的厚度。

11. 用尖頭造型筆斜放成錐形角度，分別往兩側推向外推薄兩側約0.2公分，保留中脊線的厚度，用繡球花葉切模切下糖片，穿入24號鐵絲於葉片中脊線的一半。

12. 用球型棒繞著葉瓣邊緣壓薄，以繡球花葉印壓脈紋，放在餐巾紙上待乾。

花瓣上色

13. 用小型圓頭刷筆輕沾微量的檸檬黃色粉，由花瓣中心往外輕刷。

14. 再用紫色色粉由花瓣外緣向內刷，最後以非洲紫色色粉稍稍刷在紫色色粉上加強花瓣邊緣。

葉片上色

15. 用大型圓頭刷筆沾草綠色色粉，由葉片中間往外刷，再補上葉子色色粉，使葉片有深淺色差。

花瓣花朵組合

16. 用1/3寬度的花藝膠帶將4片花瓣先組成1朵，再將3朵綁成1小束，幾小束再綁成1大束，將葉片綁於大花束下方，即完成整株繡球花。

外型可愛的雛菊，它的花語代表天真純潔，非常討人喜歡。在糖花蛋糕的裝飾製作上需要大量妝點用的花，以時間效益來說，製作雛菊再合適不過了。雖然雛菊花瓣數量多，但我們利用現成切模跟矽膠模就能大量製作。

flower 02

Daisy

雛 菊

PREPARATION

材料用具

A. 糖花工作板、防沾擀麵棍、海棉墊、EPE發泡墊、尖嘴鉗、剪刀、刷筆

B. 糖花造型基本工具組、泰勒膠水、玉米粉、白油、雛菊花芯矽膠模、菊花切模、菊花葉切模、菊花葉矽膠模

C. 白色塑糖、蛋黃色色膏、蜜瓜黃色色膏、草綠色色膏、向日葵色色粉、檸檬黃色色粉、草綠色色粉、20號鐵絲、28號鐵絲、花藝膠帶

製作重點

為讓花型有一些變化，所以特別示範了重瓣的小雛菊，讓花朵成品看起來更活潑生動。

事前準備

預先將白色塑糖染成黃色塑糖、草綠色塑糖、檸檬黃色塑糖備用。

作法 STEPS

1-1

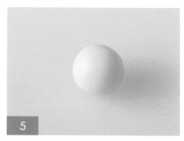

5

1-2

3-2

6

2

4

製作花芯

1. 用尖嘴鉗將20號鐵絲一端夾成圓形頭座。

2. 將玉米粉撒在花芯矽膠模的內層，取一塊黃色或草綠黃色塑糖壓入矽膠模，並移除周邊多餘的糖。

3. 將圓形頭座鐵絲置入矽膠模內的糖中，再取出花芯。

4. 用小彎剪刀將花芯周邊剪成尖瓣，確認花芯底端與鐵絲接合並推順，再移除多餘的糖。

製作花瓣

5. 取白色塑糖搓成圓形放置工作板上，用防沾擀麵棍擀平糖片約0.1公分厚度。

6. 用12菊花切模（寬5.5公分*長5.5公分）切下糖片。欲增加雛菊的尺寸大小，可另選擇較小的切模使用。

7. 將花瓣放在海棉墊上，用PME整型筆從花瓣芯往外推壓並拉長，使花瓣外緣慢慢變薄。

8. 用PME整型筆的切刀面由花瓣上緣往下劃3-4條直線，以壓出菊花脈紋，再置放於夾鏈袋中。

9. 重複作法5-8製作第2層花瓣，整形花瓣時用PME整型筆斜45度角，用筆頭將其中2-3片花瓣的上緣回捲。

10. 花芯底部沾泰勒膠水，將兩層花瓣分別以交錯方式貼合花芯。

 11-1

 12-2

 15-1

 11-2

 13

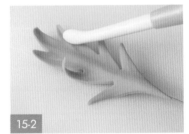 15-2

 12-1

 14

製作花萼

11. 用防沾擀麵棍擀出2片0.1公分厚的糖片，分別用8瓣切模切下兩種大小尺寸，用PME整型筆分別推壓花萼，使萼片變薄。

12. 先貼大片花萼再貼小片花萼，並將萼片交錯貼合。

製作葉片

13. 取一塊草綠色的塑糖在工作板上擀出中脊線，用菊花葉切模切下糖片。

14. 用28號鐵絲沾泰勒膠水穿過半的中脊線，用球型棒壓薄葉片邊緣。

15. 用PME整型筆劃出脈紋，並將葉片上緣微後彎，放在餐巾紙上維持葉形待乾。

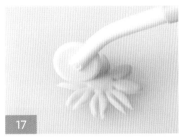

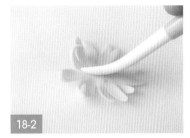

製作半開花苞

16. 重複作法1-4完成花芯，取一塊檸檬黃色塑糖在工作板上，擀1片厚度0.1公分，用8瓣切模切下（寬2公分*長2公分）。

17. 每片花瓣用輪刀剪對半，成為16片。

18. 將花瓣放在海棉墊上，用PME整型筆從花瓣芯往外推壓，將花瓣拉長並壓薄，再以整型筆從花瓣上緣壓回中心方向，使花瓣形成朝內弧形狀。

19. 在花芯周邊與底部沾泰勒膠水，將花瓣穿過鐵絲包覆整個花芯，露出花芯中間頂端部分。

半開花苞朵製作（承上頁）

20. 取白色塑糖，在工作板上擀1片0.1公分厚度，用菊花切模（寬2公分*長2公分）切下，每片花瓣用小剪刀剪對半，成為16片。

21. 用PME整型筆從花瓣上緣回壓至花中心，沾泰勒膠水與前層交錯貼合。

花瓣上色

22. 用圓頭刷筆輕沾向日葵花色色粉刷在花芯上，用細頭筆刷沾95%酒精與向日葵色色粉及檸檬黃色色粉，上色在花芯周邊。

23. 用刷筆輕沾檸檬黃色色粉刷在花芯與花瓣上，接合整個圓周。

葉片上色

24. 用刷筆在花萼上刷草綠色色粉。

花芯上色

25. 最後用刷筆上草綠色色粉、再用檸檬黃色色粉做出明暗效果。

26. 用花藝膠帶將花朵與葉片的鐵絲包好，花朵下方約2.5-3公分處放一兩片葉片綁成1束，再組合成1株。

一想到波斯菊，就有一種洋溢在日光下的熱情印象，在糖花藝術中，波斯菊是被運用得非常廣泛的一款花型，無論是單朵或一整株的呈現在蛋糕裝飾上，總是非常顯眼。在這朵花的製作當中，我們會用矽膠模來做花芯，但是同時利用人造花蕊的技巧，讓花朵呈現更真實。

flower 03

Cosmos

波 斯 菊

PREPARATION

材料用具

A. 糖花工作板、防沾擀麵棍、海棉墊、EPE發泡墊、尖嘴鉗、鑷子、剪刀、刷筆

B. 糖花造型基本工具組、泰勒膠水、玉米粉、白油、大波斯菊切模、大波斯菊矽膠模、波斯菊花芯矽膠模

C. 白色塑糖、蛋黃色色膏、草綠色色膏、深桃紅色色粉、草綠色色粉、咖啡色人造花蕊、20號鐵絲、28號鐵絲、花藝膠帶

製作重點

重瓣波斯菊的花姿很美，建議以3、4瓣做內層，加外瓣5、6片，最後小心地將中心花瓣貼合在花芯下緣，為方便貼合最中心小花瓣3或4瓣，可將內層花瓣往下扳，以預留空間露出方便貼完小花瓣，再將內外層花瓣復原至最好的花姿。

事前準備

預先將白色塑糖染成黃色塑糖、綠色塑糖備用。

作法 STEPS

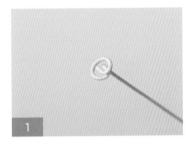

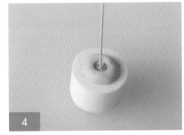

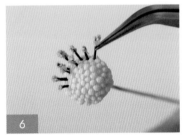

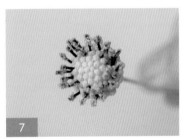

製作花芯

1. 用尖嘴鉗將20號鐵絲夾成一個圓形頭座。

2. 剪去人造花蕊的蕊頭，將去頭的蕊線剪成小段，每段約0.5公分。小段花蕊沾泰勒膠水後，再均勻沾取黃色吉利丁粉，待乾。

3. 先把玉米粉撒在花芯矽膠模的內層，取一塊黃色塑糖嵌入矽膠模內，拇指用力壓下，再移除周邊多餘的糖。

4. 將圓形頭座沾泰勒膠水，將鐵絲置入矽膠模內的糖中。

5. 從矽膠模取出花芯，整型花芯蕊的底端，並與鐵絲包合處推順，移除多餘的糖。

6. 把剪成小段的咖啡色花蕊插在花芯的外緣兩圈，前後圈花蕊要稍微交錯。

7. 將花蕊高度調整整齊，預留高出花芯平面約0.2公分。

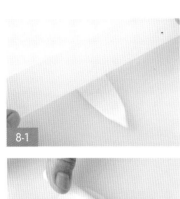
8-1

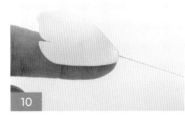
10

13

8-2

11

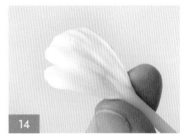
14

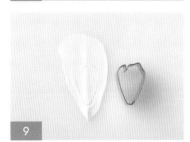
9

12

製作花瓣

8. 取白色塑糖搓成水滴狀放置
   工作板上,用防沾擀麵棍擀
   平約0.2公分厚度,用尖頭
   造型筆微斜放成錐形角度,
   分別往兩側推向外推薄邊
   緣,保留中間脊線的厚度以
   便穿鐵絲。

9. 使用波斯菊的切模(寬2公
   分*長3.5公分)切下花瓣
   形。

10. 用28號鐵絲沾泰勒膠水,以
    旋轉方式穿入花瓣中脊線約
    一半處用手指撫順糖,確實
    將鐵絲與糖接合好。

11. 將花瓣放在海棉墊上,用球
    型棒推壓花瓣邊緣,使得花
    瓣邊緣更薄。

12. 把花瓣放在矽膠模上,讓脈
    紋線上下對齊矽膠模中線與
    脈絡,壓出花瓣脈紋。

13. 用PME整型筆將花瓣的上緣
    壓出些微波浪狀,將整型筆
    斜45度角,用筆的斜面上緣
    推壓花瓣上緣,造成自然的
    上下波紋。

14. 將花瓣底部貼靠尖頭造型筆
    的筆尖,讓花瓣中央底部微
    凹將有助於花瓣組合時貼合
    花芯,重複作法9-13,可用
    兩款不同切模做8-9片花瓣。

製作花萼

15. 取一個綠色糖塊,用防沾擀麵棍擀出2片0.1公分厚的糖片,分別用8瓣切模切下(2種大小、2種尺寸),用PME整型筆分別推壓花萼使萼片變薄,先貼大片花萼再貼小片花萼,並將萼片交錯貼合。

花瓣上色

16. 用圓頭刷筆輕沾深桃紅色色粉,刷色在花瓣邊緣。

花瓣組合

17. 將上好色的花瓣排列好,將稍短或較小的花瓣先行組合。先組合3片,然後再組5-6片花瓣,注意花瓣之間的交錯。

18-1

19-1

20-2

18-2

19-2

20-3

18-3

20-1

21

添加內層小花瓣

18. 搓揉2至3個小水滴狀的糖塊，約1至1.5公分長，用PME整型筆推壓成小小花瓣，在花芯周圍沾上泰勒膠水，直接黏貼小花瓣。

製作葉片

19. 取花藝膠帶，每7公分對疊，共準備3等份，以剪刀斜剪成長三角形。

20. 用拇指和食指以反方向捲緊成細長條，再以尖頭造型筆的圓柱將膠帶拉長壓扁，重複做5-6枝葉片。

組合葉片花朵

21. 用28號鐵絲將每枝枝葉互生接合，每次間隔約1.5至2公分，再把波斯菊與枝葉組合在一起。

玫瑰玫瑰人人愛～玫瑰應該是受到最多人喜好的花型，在蛋糕裝飾上運用非常廣泛，婚禮蛋糕上也一定不會缺席。在玫瑰糖花的教學課程中，我最常強調的是把花芯做好之外，每一層的貼合與層次的高低會對整朵玫瑰花姿影響非常大，如果將層次做出來，加上花瓣漸層的展現，那麼這朵玫瑰絕對是美的。

flower 04

Rose
玫 瑰

PREPARATION

材料用具

A. 糖花工作板、防沾擀麵棍、海棉墊、EPE發泡墊、尖嘴鉗、剪刀、刷筆、熱熔膠槍，大湯匙

B. 糖花造型基本工具組，泰勒膠水、玉米粉、白油、玫瑰花切模、玫瑰花矽膠模，玫瑰葉切模、玫瑰葉矽膠模

C. 白色塑糖、桃色色膏、淺粉紅色色膏、葉綠色色膏、玫瑰紅色色粉、腮紅色色粉、酒紅色色粉、茄色色粉、葉綠色色粉、檸檬黃色粉，3.5公分保麗龍球、18號鐵絲、26號鐵絲、花藝膠帶

製作重點

玫瑰的每層花瓣包覆組合時要注意層次的高度，讓每一層次的花瓣保持相同高度；花瓣片數可增加，以做出更盛開的花姿。而玫瑰花苞的製作，先完成前3層或4層花瓣並組合，最後將花萼包覆即完成。

事前準備

預先將白色塑糖染成粉桃色塑糖、草綠色塑糖備用。

作法 STEPS

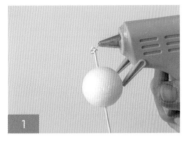

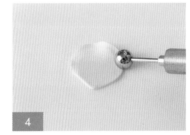

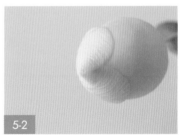

製作花芯與第1層花瓣

1. 用尖嘴鉗將18號鐵絲夾成彎勾，將鐵絲穿過保麗龍球的中心，用熱熔膠固定，下拉鐵絲進到保麗龍頂端中心，直到看不到彎勾為止。

2. 將塑糖搓揉成錐形花芯，保麗龍球沾泰勒膠水，把錐形塑糖放在保麗龍球上端，將糖塊由尖端包覆到球體底長約4.5公分。

3. 取一塊糖搓揉成水滴狀放在工作板上，用防沾擀麵棍將糖片擀至薄透少於0.1公分的厚度。

4. 用橢圓形玫瑰切模（寬3公分*長3.5公分）切下6片。取1片做最中心花瓣，其餘5片花瓣先放在花葉瓣保濕膠片中。將花瓣放海棉墊上，用球型棒推壓花瓣邊緣使其更薄，把花瓣放在矽膠模上脈紋線，上下矽膠模對齊中線與脈絡壓出花瓣脈紋。

5. 在花瓣中下緣沾泰勒膠水，將花瓣上緣置於高過錐體尖端約0.2公分，將花瓣左右貼合錐體，整個包貼在錐尖口上方，但要預留0.2公分的小小洞口。

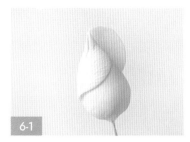

6-1

7-1

8-1

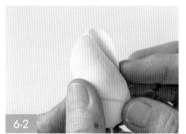

6-2

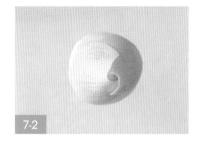

7-2

8-2

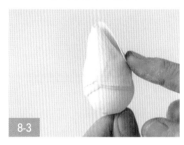

8-3

製作第2層花瓣

6. 製作第1層的第2片花瓣：用球型棒推壓花瓣邊緣使其更薄後，使用矽膠模壓出花脈紋路，先貼第1片，位置比中心層花瓣高約0.1公分，貼在中心層花瓣的側邊，此片先不沾膠水。

7. 重複作法6的花瓣整型，將第2片貼在第1片的對側等高，並將一邊花瓣置放在第1片下方，沾上膠水，使兩片花瓣互相環抱貼合。

8. 第2層要做3片花瓣：用球型棒推壓3片花瓣，使邊緣更薄後使用矽膠模壓出脈紋，用針筆把花瓣最上緣稍微外翻，讓3片花瓣順著圓周方向貼合，高度位置需比第1層高0.1公分，並將第3片花瓣置放在第1片的一側下方。

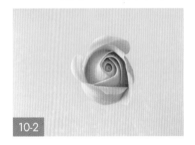

製作第3層花瓣

9. 用橢圓形玫瑰切模（寬4公分＊長4.5公分）切3片，用尖頭造型筆順著花瓣邊緣，用筆的圓柱滾壓上緣變薄，用針筆外捲約半圈，讓花瓣最上緣外翻展開，3片花瓣順圓周方向順貼合，貼合高度比第1層高0.1公分，與前1層花瓣交錯貼上，第3片花瓣一邊置於第1片一邊的下方。

製作第4層花瓣

10. 第4層要做3片花瓣，用橢圓形玫瑰切模（寬4公分＊長4.5公分）切3片，以相同作法整形花瓣，用竹籤外捲約一圈，讓花瓣最上緣外翻自然展開，3片花瓣順圓周方向順貼合，高度與第3層花瓣同高。

製作第5層花瓣

11. 第5層要做5片花瓣：用同尺寸橢圓形玫瑰切模切5片，以相同作法整形花瓣外緣，用竹籤外捲約1.5圈，用球型棒稍微滾壓花瓣下肚緣，使其形成微凹杯狀，可先至放在大湯匙中待稍微定型。

12. 在花瓣下緣沾泰勒膠水，將第5層花瓣隨機貼合，位置比第4層低0.1公分，但注意3片花瓣是同層次等高的。

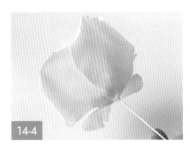

製作第6層花瓣

13. 在花瓣下緣沾泰勒膠水,將第5層花瓣隨機貼合,位置比第4層低0.1公分,但注意3片花瓣是同層次等高的。

14. 製作第6層的5片花瓣:用橢圓形玫瑰切模(寬4.5公分*長5公分)切5片,用尖頭造型筆的圓形筆桿將花瓣上半緣擀得更薄。用PME整型筆幫花瓣整形,壓出較多波浪狀,用竹籤外捲約2圈,讓花瓣上半緣外展自然垂度,用球型棒稍微滾壓花瓣下緣處,使其形成微凹杯狀,沾泰勒膠水在花瓣的最下緣處,以隨機貼合同層花瓣與前一層花瓣交錯貼合。最後視花型狀態展開的狀態再決定是否增加1-2片花瓣。

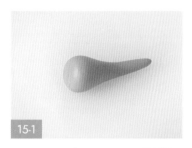

15-1

17

19

15-2

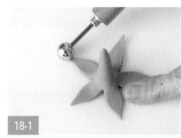

18-1

16

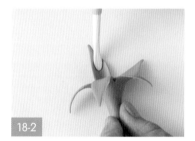

18-2

製作花萼

15. 取一塊草綠色的塑糖搓成長約4公分的水滴形，頭端糖量較多，用雙手拇指與食指中指將塑糖捏成墨西哥帽型，放置工作板上。

16. 用尖頭造型筆，讓帽緣向外，以圓周方向推長推薄成為8公分*8公分的圓形糖片。

17. 用玫瑰花萼切模切下，再用球型棒推壓花萼瓣。

18. 以PME整型筆將5片花萼瓣的中間部位輕壓往中心方向推2-3次，做出微幅凹槽，再用球型棒讓葉片尾端上翹。

19. 用球型棒壓入花萼中心，做出一個錐形口，用玫瑰鐵絲穿入花萼將花萼上推到玫瑰花底部，用泰勒膠水沾在花萼裂口處與玫瑰花底部貼合。另將花萼瓣下方將糖捏出一小坨，並撫順糖與鐵絲結合。

製作玫瑰葉

20.取一塊草綠色的塑糖，在工作板上擀出中脊線的糖片。

21.用玫瑰葉切模切下兩種尺寸，1片大葉片寬4.5公分＊長6.5公分、2片中葉片寬3.5公分＊長5公分。

22.用球型棒推壓3片葉片邊緣，推薄後穿入26號鐵絲，用矽膠模壓出脈紋，用手指將葉片上端整出微幅後彎，放餐巾紙上維持葉形待乾，最後用花藝膠帶將葉片纏在一起。

花芯上色

23.用圓頭刷筆輕沾玫瑰紅色色粉，稍微刷一下花芯。

24-1

25-1

26-2

24-2

25-2

26-3

24-3

26-1

26-4

花瓣上色

24.用圓頭刷筆輕沾沾玫瑰紅色色粉,從花瓣上緣往下刷使顏色由深逐漸變淡,再沾腮紅色色粉稍稍蓋過玫瑰紅色色粉,分別以酒紅色色粉、茄色色粉加強花瓣邊緣線。

花萼&葉片上色

25.用中圓頭刷筆沾草綠色色粉,由花萼往尾端朝花朵與鐵絲接合處刷開,用酒紅色色粉,茄色加深些許部位更顯自然。用葉子色色粉與草綠色色粉刷全葉,將葉片外圍先沾酒紅色色粉刷過再用茄色色粉加強色層。

玫瑰葉片組合

26.用花藝膠帶將葉片鐵絲包捲,將2片中葉片放於大葉片上,中葉的葉尖高度在大葉的1/2位置,以兩葉對生方式用花藝膠帶包捲鐵絲。

6吋蛋糕裝飾

6吋蛋糕很適合小型宴會,在設計上,有1-2朵主題花,再加上副花、填充花與葉子,立即就會生動起來。這座蛋糕選用了前面示範過的玫瑰、繡球花,再加上尤加利葉,這幾款花都是最基礎且最常被運用的。設計時,我特別加進晚香玉,一方面填充空隙,同時增亮色調。尤加利葉的線條感和玫瑰、繡球恰巧成了三角組合,使得作品能在視覺上延伸高度與寬度。

Chapter4

Intermediate

中階花型

接續本章節將介紹特別受歡迎的糖花裝飾，從銀蓮花到大理花
的花芯花瓣各有其特色，更呈現擬真糖花藝術價值，也增加蛋
糕裝飾的題材。

銀蓮花　　Anemone
蝴蝶陸蓮　Butterfly Ranunculus
水仙百合　Alstroemeria
牡丹　　　Peony
大理花　　Dahlia

INTERMEDIATE

花 芯 與 花 瓣 的 組 合 練 習

喜歡製作糖花的朋友，或許有參加糖花或蛋糕裝飾比賽的計畫，
在本章節學習的幾款花著重在花芯的設計與花瓣組合的技巧，有
意參加國際賽事的人，可選擇類似具有技術性的花型參賽。

製作銀蓮花時，花蕊的數量要
夠，並且確實貼合花芯。

學習製作蝴蝶陸蓮的特殊花芯，
需用小剪刀將花芯尖端剪開，才
容易沾染色粉。黏茴香時，要在
糖還濕潤的時候貼上。

| 3 | 4 | 5 |

製作水仙百合時,底下兩瓣和最上方花瓣貼合要呈現等邊三角形,花型才會好看。如果沒有花苞模具時,可用輪刀將水滴狀塑糖劃出紋路來代替。

牡丹和花蕊花瓣貼法不同:花蕊要集中貼合,而花瓣則要交錯著貼合,最後完成的層次才會好看。

為大理花整形花瓣時,越外層的花瓣開展要越明顯,並讓裡層花蕊內捲、最外層外翻。

銀蓮花的種類超過150種，在糖花製作上大多選擇日本單瓣的銀蓮花或是歐洲重瓣銀蓮花。銀蓮花的花芯、花蕊與花萼是學習重點，也是讓這朵花最耀眼的部分。至於花瓣的顏色與花芯花蕊有連動關係，建議讀者多參考花卉書籍，或有機會去逛花市觀察，嘗試製作其他顏色的銀蓮花，相信您會喜歡上她的花姿！

flower 01

Anemone

銀 蓮 花

PREPARATION

材料用具

A. 糖花工作板、防沾擀麵棍、海棉墊、EPE發泡墊、尖嘴鉗、剪刀、刷筆

B. 造型基本工具組，泰勒膠水、玉米粉、白油、銀蓮花切模、銀蓮花矽膠模、銀蓮花芯矽膠模、花藝膠帶

C. 白色塑糖、葡萄紫色色膏、紫色色膏、海軍藍色色膏、非洲紫色粉、紫紅色色粉、青檸綠色色粉、奇異果綠色色粉、吉利丁混黑莓色與深茄色色粉、黑色人造花蕊、18號鐵絲、28號鐵絲

製作重點

銀蓮花有單瓣重瓣，花瓣數的多寡可以增減，以達到花瓣完整組合，同時花芯花蕊的顏色會跟著花型有不同的色系，建議多參考真花，這樣配色時的效果更佳。

事前準備

預先準備白色塑糖、海軍藍色加葡萄紫色塑糖、苔綠色塑糖備用。

作法 STEPS

1

4-1

5-1

2

4-2

5-2

3

製作花芯

1. 用尖嘴鉗將18號鐵絲的一端夾成彎勾，將玉米粉撒在銀蓮花芯矽膠模內層，取一塊黑紫色塑糖置入花芯矽膠模，並插入18號鐵絲。

2. 取出黑紫色塑糖，撫順鐵絲與糖接連處，移除多餘的糖。

3. 塗一層薄薄的泰勒膠水在花芯球表面，沾勻紫黑色的吉利丁粉，插在EPE泡綿墊上待乾。

製作花蕊

4. 壓一片寬0.5公分*長1.5公分的極薄糖片，將20根人造花蕊平均對折後剪開，放在小糖片上，留約1.7公分長的花蕊，確定花蕊底端完全黏貼在糖片上，重複前述動作做出5束花蕊。

5. 沾泰勒膠水在花芯球下端，將5束花蕊平均分佈黏貼於花芯圓的周圍，放旁邊待乾。

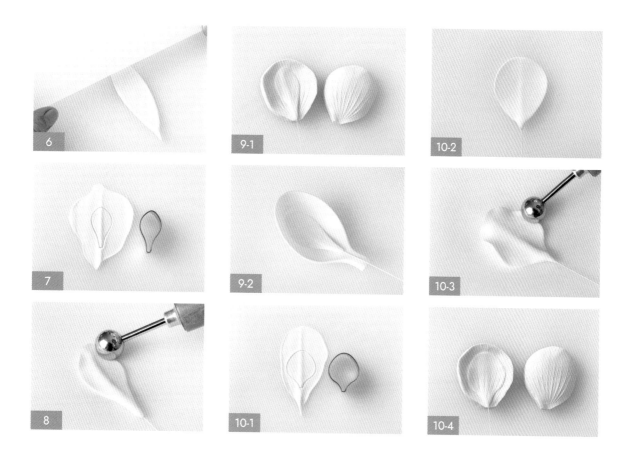

製作花瓣

6. 取白色塑糖,搓成水滴形放置防沾板上,用防沾擀麵棍先擀平約0.2公分厚度,用尖頭造型筆微斜放成錐形角度,分別往兩側推向外推薄邊緣,保留中間脊線的厚度以便穿鐵絲。

7. 使用銀蓮花花瓣切模(寬2公分*長4公分)切下糖片,用28號鐵絲沾泰勒膠水,以旋轉方式穿入花瓣脊柱約一半處,用手指順糖,將鐵絲與糖確實接合好。

8. 將花瓣放在海棉墊上,用球型棒推壓花瓣邊緣,使得花瓣邊緣更薄。

9. 用銀蓮花矽膠模壓出脈紋,將花瓣置放在小湯匙上定型,再重複作法6-9完成3片內層花瓣。

10. 用寬3.2公分*長4公分的切模,重覆作法6-9做5片中層花瓣。

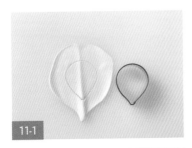

11-1

12-1

13

11-2

12-2

14

15

製作花瓣（承上頁）

11. 用寬3.5公分*長4公分的切模，重覆作法6-9做7片外層花瓣，用拇指與食指其中一兩瓣做出些微外翻的樣子。

花瓣上色

12. 用圓頭筆輕沾紫紅色色粉，從花瓣底部放射線軸方式往外刷開，但僅上色花瓣底端，再輕輕沾取非洲紫色粉，從中央刷紫紅色色粉範圍內，稍微補強顏色，但整片花瓣仍維持90%白色區塊，依上述方式完成每片花瓣上色。

花瓣組合

13. 先將內層3片花瓣貼合在花蕊外，注意同層花瓣在同一高度。

14. 接續貼合5片中層花瓣，保持同層同高度與內層花瓣交錯貼合。

15. 最後貼合7片外層花瓣，以隨機方式置放於中層花瓣外與內層花瓣交錯貼合。

16-1

16-2

17

18

19

20

製作花萼

16. 在工作板上擀1片苔綠色的糖片，預留中脊線，用不同尺寸的銀蓮花花萼切模切下。

17. 用PME整型筆慢慢把萼片邊緣推薄。

18. 共做4片花萼，在每片花萼裂處做回捲動作，可翻面做不同部位，回捲動作會使花萼更自然。

花萼上色

19. 用青檸綠色色粉、奇異果綠色色粉將花萼上色。

20. 用花藝膠帶將4片花萼貼合在花瓣下方（約2-3公分處）即完成組合。

蝴蝶陸蓮是這兩年來極受大眾喜愛的花，從一些資料記載這花從日本研究發展出來。最近在婚禮蛋糕上成了最夯的花。蝴蝶陸蓮不像陸蓮有那麼多的層次，有單瓣也有重瓣，花瓣非常輕薄飄逸又有一層蠟的感覺，在花芯花瓣上的製作方法技巧值得學習。

flower 02

Butterfly Ranunculus
蝴 蝶 陸 蓮

PREPARATION

材料用具

A. 糖花工作板、防沾擀麵棍、海棉墊、EPE發泡墊、尖嘴鉗、剪刀、刷筆

B. 糖花造型基本工具組、泰勒膠水、玉米粉、白油、橢圓形玫瑰花切模、陸蓮花矽膠模、陸蓮葉矽膠模、5瓣玫瑰花瓣切模、5瓣玫瑰花萼切模

C. 白色塑糖、鵝莓色色膏、柑橘色色膏、淡粉紅色色膏、海軍藍色色膏，深紫色色膏，青檸綠色色粉、草綠色色粉、葉子色色粉、深茄色色粉、桃紅色色粉、腮紅色色粉、茴香、深茄色吉利丁粉、20號鐵絲、26號鐵絲、28號鐵絲、花藝膠帶

製作重點

此花的花蕊製作特別使用「茴香」，會更貼近真花的花蕊顏色與紋路。為確實穩定貼著茴香，一定要趁花芯還軟且表面未乾時貼合，這種做法簡單，省時又快且非常擬真。若想讓花瓣表面有一層薄薄的蠟面感，可噴上一層食用亮漆，以增添真實花瓣的效果。

事前準備

預先將白色塑糖分別染成淡粉紅色塑糖、鵝莓色色膏加柑橘色色膏塑糖、深紫色塑糖及草綠色塑糖備用。

作法 STEPS

製作花芯

1. 用尖嘴鉗將20號鐵絲的一端夾成彎勾，搓揉一塊深紫色橢圓形塑糖約0.8公分＊寬1公分長，用20號鐵絲沾泰勒膠水，將鐵絲穿入花芯底端推至頂端，黏上糖塊固定。

2. 用小彎剪刀尖角剪橢圓花芯球表面，形成刺刺的表面。

3. 塗泰勒膠水於花芯表面，沾上深茄色吉利丁粉。

製作花蕊

4. 在花芯下端1/3處塗泰勒膠水，取25-30小顆粒茴香貼黏在花芯下方圍一圈。

5. 取一塊塑糖搓成小圓形，加在第1層茴香下方，繼續貼合小顆粒茴香貼黏在花芯下端成第2圈花蕊。

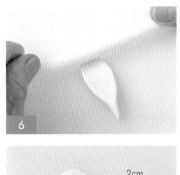

7-1
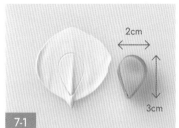
2cm
3cm

7-2
2.5cm
4cm

8

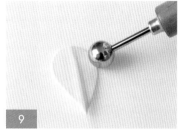
9

10

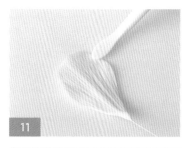
11

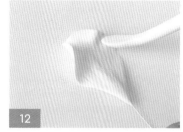
12

13

製作花瓣

6. 取一塊淡粉紅色塑糖,搓成水滴形放置工作板上,用防沾擀麵棍先擀平約0.2公分厚度,用尖頭造型筆微斜放成錐形角度,分別往兩側推向外推薄邊緣,保留中脊線的厚度以便穿鐵絲。

7. 分別用橢圓形玫瑰花切模(寬2公分*長3公分、2.5公分*長4公分)切下糖片。

8. 用28號鐵絲沾泰勒膠水,以旋轉方式穿入花瓣脊柱約一半處,用手指順糖確實將鐵絲與糖接合好。

9. 將花瓣放在海棉墊上,用球型棒推壓花瓣邊緣,將花瓣壓薄。

10. 用陸蓮矽膠模壓出花瓣的脈紋。

11. 用PME整型筆壓花瓣上緣,以2-3次的推壓拉動作讓花瓣向外拉,做出有些許波浪幅度。

12. 用手指將花瓣姿態做不同方向扭捲,有些可將花瓣左右側翻捲,讓花瓣完全展開。

13. 重複作法6-12,完成兩種規格切模的花瓣各5片及7片。

花瓣上色

14. 用圓筆刷沾桃紅色色粉加些許腮紅色色粉在花瓣上，以不均勻的分佈刷法輕刷些微部位。

花瓣組合

15. 先將5瓣貼靠花芯，用花藝膠帶綁在花莖上。

16. 再將7片為1層花瓣，與前一層交錯貼上。

添加內層小花瓣

17. 搓揉2-3個小水滴狀、約1-1.5公分長的塑糖。

18. 用PME整型筆推壓成小小花瓣並扭轉，在花芯周圍沾上泰勒膠水，直接黏貼小花瓣。

19

21

20

22

製作花萼

19. 擀1片0.2公分厚度的糖片，用5瓣花萼的切模切下，用PME整型筆從花萼瓣上緣往中間壓回，讓花萼葉有些微幅度。

20. 沾泰勒膠水塗在花萼中間，將花的鐵絲穿過花萼中間並黏貼在花朵下方。

製作花苞

21. 取一塊白色塑糖，搓成橄欖形（底寬約1公分），做一支26號彎勾鐵絲穿入橄欖形塑糖，固定接合後移除多餘的糖。

22. 擀1片圓形塑糖厚度約0.1公分，用寬4.5公分的5瓣玫瑰花瓣切模切下，以球型棒和PME整型筆將花瓣邊緣做出波浪狀。

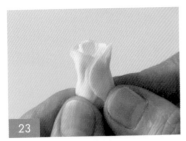 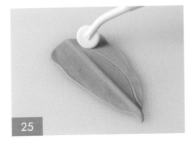 

製作花苞（承上頁）

23. 用5瓣玫瑰花瓣沾泰勒膠水，穿入鐵絲，將橄欖形花芯包起來，以拇指與食指將花芯包覆好。

24. 重複作19，用草綠色塑糖做1片花苞的花萼。

製作葉片

25. 取草綠色塑糖，擀成1片葉片並用輪刀切下，穿入28號鐵絲。

26. 用球型筆將葉片邊緣壓薄，重複作法25做出3-5片葉片。

組合花葉

27. 用1朵花配2-3片葉子和花苞，用花藝膠帶將花莖綁好。

水仙百合又名「小百合」或「六出花」，名稱的由來是因為花朵看起來像小號的百合，又有6片花瓣的緣故。它的顏色鮮豔豐富，而且花朵非常可愛，是受人歡迎的花卉之一。有一回在花市看到水仙百合，仔細觀察花芯、花瓣、花苞到葉片都具有特色，於是決定將這麼美的花當成當年Cake International糖花比賽作品的參賽題材之一。

flower 03

Alstroemeria

水 仙 百 合

PREPARATION

材料用具

A. 糖花工作板、防沾擀麵棍、海棉墊、EPE發泡墊、尖嘴鉗、剪刀、刷筆、細筆

B. 糖花造型基本工具組、泰勒膠水、玉米粉、白油、水仙百合切模、水仙百合矽膠模、水仙百合花苞矽膠模

C. 白色塑糖、鵝莓色色膏、苔綠色色膏、桃紅色色粉、酒紅色色粉、深茄色色粉、檸檬黃色色粉、含羞草黃色色粉、葉綠色色粉、森林綠色色粉、人造花蕊、28號鐵絲、30號鐵絲、95%酒精、花藝膠帶

製作重點

在花瓣的處理上，特別以95%酒精繪出水仙百合的小片花瓣的花紋線，為順利地彩繪花瓣，建議製作前先在其他糖片上嘗試拿捏酒精與色粉的濃度，並練習一下手感再畫在欲組的花瓣上。

事前準備

預先準備白色塑糖、鵝莓色塑糖備用。

作法 STEPS

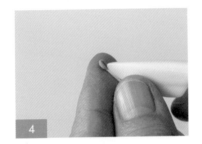

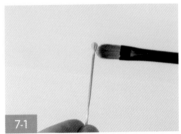

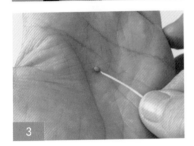

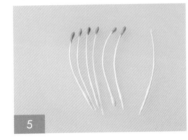

製作花芯

1. 準備長約5公分長的人造花蕊，剪去蕊頭。

2. 取一小塊白色塑糖，以食指拇指搓動，並以旋轉滑動方式包覆人造花蕊。

3. 搓揉一塊鵝莓色細小水滴形狀的塑糖（約0.3公分），沾泰勒膠水黏在人造花蕊頂端。

4. 用小切刀在小水滴上畫出上下各1道。

5. 重複作法1-4做出6支雄蕊，重複作法1-2做出1支雌蕊，將人造花蕊前端剪開約0.1公分，將其分岔。雌蕊放中間，另6支圍住雌蕊，用花藝膠帶將花蕊貼綁在28號鐵絲上。

花蕊上色

6. 用小圓筆刷沾紅寶石色色粉加一點點酒紅色色粉，輕輕地在蕊肢端上往下刷。

7. 在花蕊上輕刷檸檬黃色色粉，完成所有上色。

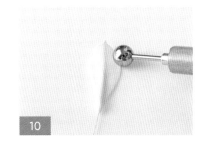

製作花瓣

8. 取一塊白色塑糖放置工作板上，用防沾擀麵棍先擀平約0.2公分厚度，用尖頭造型筆微斜放成錐形角度，分別往兩側推向外推薄邊緣，保留中脊線厚度以方便穿鐵絲。

9. 用水仙百合花花瓣切模（寬2公分*長5公分）切下糖片，將30號鐵絲沾泰勒膠水，以旋轉方式穿入花瓣中脊線約一半處，用手指將鐵絲與糖接合好。

10. 將花瓣放在海棉墊上，用球型棒或PME整型筆推壓花瓣邊緣，使花瓣邊緣更薄。

11. 用花脈矽膠模壓出脈紋。

12. 將花瓣背面朝上，用JEM整型筆在花瓣頂尖中線處壓1道凹痕，用手指稍微扭轉花瓣尖端。

13. 用尖頭造型筆將花瓣底端輕壓出微凹弧度，以便花瓣組合時更服貼花芯蕊。重複作法8-12，做出3片小花瓣。

小花瓣上色

14. 重複作法8-13，用水仙百合花花瓣切模（寬2.7公分＊長5.5公分）做3片大花瓣。

15. 將花瓣背面朝上，用JEM整型筆在花瓣頂尖中線處壓一道凹痕。

16. 利用手指指腹幫花瓣邊緣做出外翻弧度。

17. 用中圓刷筆先沾桃紅紅色色粉刷花瓣底端，再用另一刷筆沾含羞草黃色色粉刷花瓣中段。

18. 用小刷筆沾檸檬黃色色粉刷花瓣最尖端處及花瓣背部底端，重複小花瓣上色方式完成2片。

19. 用中圓刷筆先沾桃紅紅色色，粉刷另1片花瓣底端至花瓣1/3處，以小刷筆沾檸檬黃色色粉刷花瓣最尖端處。

大花瓣上色

20. 用中大圓刷筆沾桃紅紅色色粉刷，從花瓣下方往上緣刷至花瓣中段。

21. 用小刷筆沾檸檬黃色色粉刷花瓣最尖端處，再用葉綠色色粉刷在檸檬黃色上加強色調，重複作法20-21，完成3瓣花瓣上色。

花瓣繪紋

22. 用小圓筆刷沾檸檬黃色色粉，刷6片花瓣的花瓣最底端與花瓣最上緣兩側。

23. 準備95%酒精，用細筆沾酒紅色色粉為3片小花瓣畫出花瓣紋，其中2片需畫出較多花紋線。

Tips

繪紋時，花瓣下方的線條較短密，越上方要漸漸拉長線條。

花瓣組合

24.以花蕊為中心,將3片小花
瓣呈等邊三角形放一起,讓
其中2片花瓣比較靠近,用
花藝膠帶貼合固定。

25.將大花瓣貼合在小花瓣外
層,每片置於2片小花瓣中
間,用花藝膠帶貼合固定。

製作花萼

26.搓揉一小塊鵝莓色塑糖(直
徑約0.6公分),將組合好花
瓣的鐵絲穿入圓形糖團上,
將糖團推至花瓣底端,包覆
好花瓣貼合處。

27.用鑷子夾出6條微微凸起的
脊柱,移除多餘的糖並撫順
與鐵絲接合處。

28

30-1

31-1

29

30-2

31-2

31-3

製作花苞

28. 用尖嘴鉗將28號鐵絲一端夾1個小彎勾，撒玉米粉在水仙百合花苞矽膠模的內層。

29. 取一塊鵝莓色塑糖壓入矽膠模內，並用鐵絲插入花芯蕊的底端，移除多餘的糖並且推順。

花苞上色

30. 用中圓刷筆沾檸檬黃色色，粉刷花苞頂端。

花朵組合與上色

31. 在每朵花朵或花苞下貼合1-2片葉片，用花藝膠帶包合好，最後用森林綠色色粉刷花萼與花莖接合處。

說到「花開富貴」就會聯想到好大朵、非常艷麗的牡丹,牡丹有花王的美名。牡丹花型多但通常在糖花製作上最常看到的有兩款:一款是盛開的牡丹,一種是花瓣包合的芍藥,在這本書中我們介紹盛開的牡丹,非常適合運用在生日的祝福上,若是裝飾在婚禮蛋糕上,也有許多人會喜愛。

flower 04

Peony

牡 丹

PREPARATION

材料用具

A. 糖花工作板、防沾擀麵棍、海棉墊、EPE發泡墊、尖嘴鉗、剪刀、蛋型塑膠器皿、大小湯匙、刷筆

B. 糖花造型基本工具組、泰勒膠水、玉米粉、白油、牡丹花切模、牡丹花矽膠模

C. 白色塑糖、桃紅色色膏、苔綠色色膏、蜜瓜黃色膏、桃紅色色粉、奶油色色粉、深梅色色粉、紅寶石色色粉,深茄色色粉、檸檬黃色色粉、草綠色色粉、森林綠色色粉、黃色牡丹花人造花蕊、20號鐵絲、26號鐵絲、28號鐵絲、30號鐵絲、花藝膠帶

製作重點

牡丹花的花瓣會用蛋型或圓形的塑膠器皿定型,再將花瓣放入器皿,用拇指與鐵絲平行輕壓糖片入器皿,避免鐵絲外露。

事前準備

預先將白色塑糖染成草綠色加蜜瓜黃色塑糖、草綠色塑糖、淡桃紅色塑糖備用。

作法 STEPS

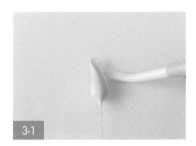

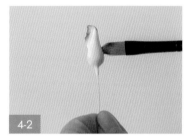

製作5支花芯

1. 剪5支15公分長的28號鐵絲，用尖嘴鉗將鐵絲頭夾成彎勾，取淡檸檬黃色塑糖搓揉成水滴形，插入鐵絲中。

2. 用拇指與食指從水滴上端的1/4處捏扁。

3. 將花芯放置在海棉墊上，用PME整型筆推壓被捏扁的位置，來回兩三次做出微小的波浪花邊。

花芯上色

4. 用中小筆刷沾深梅色色粉，由小波浪花邊往下刷，再用紅寶石色色粉稍微蓋過部分深梅色，再由花芯底端向上刷檸檬黃色色粉，共做5支。

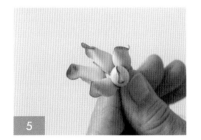

5. 用20號鐵絲置於5支花芯下端，沾膠水在5支花芯間，用白色花藝膠帶包覆綁好花芯相黏處。

6. 用手指將5支花芯集中。

7. 用白色膠帶將鐵絲纏綁好。

製作5支花蕊

8. 準備25根牡丹人造花蕊，用28號鐵絲從25根花蕊的正中對折，用尖嘴鉗夾緊。

9. 用小型擀壓棒將花蕊收整好，再散開成圓形。

10

12-1

12-4

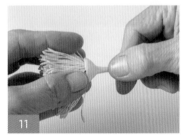

11

12-2

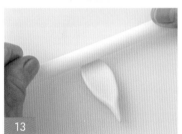

13

12-3

10. 將5束花蕊平均分佈黏貼於花芯圓的周圍,用白色花藝膠帶包覆綁好。

11. 取一小塊約0.8公分圓的白色塑糖,穿過鐵絲推到花蕊底端,再將花蕊分佈調整好,沾泰勒膠水把糖塊固定於花蕊底端。

花蕊上色

12. 用圓頭刷筆沾上酒紅色色粉輕刷部分花蕊,準備95%的酒精,用小刷筆沾深茄色色粉,用刷點的方式點在小部分的花蕊上。

製作花瓣

13. 取淡桃紅色塑糖搓成水滴狀放置工作板上,用防沾擀麵棍先擀平約0.2公分厚度,用尖頭造型筆微斜放成錐形角度,分別往兩側推向外推薄邊緣,保留中脊線的厚度以方便穿鐵絲。

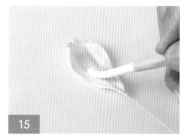

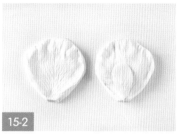

14. 用牡丹花瓣切模（寬2公分＊長4公分）切下糖片。用28號鐵絲沾泰勒膠水，以旋轉方式穿入花瓣中脊線約一半處，用手指順糖確實將鐵絲與糖接合好。

15. 將花瓣放在海棉墊上，用PME造型筆或球型棒推壓花瓣邊緣，使得花瓣邊緣更薄，再用矽膠模壓出花瓣紋。

16. 用PME整型筆推壓花瓣上緣以，將花瓣稍微拉長並來回壓薄形成波浪花邊，再以整型筆豎直讓筆尖呈45度角，從花瓣上緣脈紋由上往下方向劃線條，同時下壓，使花瓣形成弧形向內微彎。

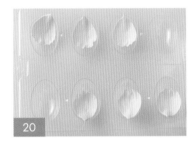

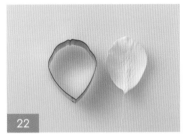

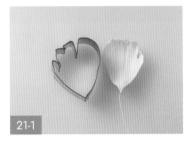

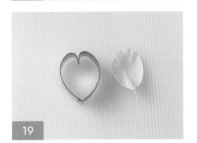

17. 將整型好的花瓣置放在小湯匙上定型。

18. 重複作法13-17，完成6片花瓣。

19. 重複作法13-16，用牡丹花切模（寬4公分＊長5公分）切6片花瓣。

20. 將花瓣置放在蛋形塑型盒內定型。

21. 重複作法13-16，分別用兩種型的牡丹花切12片花瓣（寬5公分＊長6公分）繼續完成花瓣整型，再置放在蛋形塑型盒內定型。

22. 重複作法13-16，用牡丹花切模（寬5公分＊長6.5公分）切6片花瓣，繼續完成花瓣整型。

23. 將其中兩片花瓣面朝下，讓PME整型筆的筆尖呈45度角，依花瓣脈紋由上往下，將上緣回捲，使花瓣些微外翻捲。將6片花瓣置放在大湯匙內塑型。

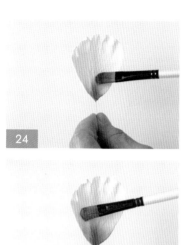

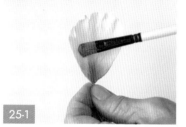

花瓣上色

24. 用圓頭刷筆輕沾桃紅色色粉，從花瓣底部放射線軸方式往外刷開，再用深梅色色粉輕輕刷在桃紅色的部分，完成每片花瓣。

25. 用刷筆沾奶油色色粉，刷在部分淡粉紅的部分與桃紅色色粉的部分，讓花瓣呈現自然暈染效果。

26. 依作法24-25，將花瓣全部完成上色。

27. 待乾燥定型後，依花瓣長短大小排列開始組合。

28. 第1層花瓣：3片平均分佈在花蕊圓周位置，高度高過花蕊，用花藝膠帶包覆綁好。

29. 將第2層的3片花瓣平均分佈置放在前花瓣的兩片之間，保持1、2層同樣高度。

30. 繼續貼合第3層片的6片花瓣，花瓣高度比第2層些微往下，將每片依序用花藝膠帶固定鐵絲。

31. 貼合第4、5層花瓣，位置再些微往下，隨機貼合12片花瓣，穿插兩種花瓣型貼合，先貼6片花瓣後，接著貼6片的位置再往些微往下，使花瓣有層次效果。

32. 用6片貼合最外層位置，需再往些微往下，以貼好花瓣的形狀來觀察選擇要遞補的空隙，以調整花姿，有做外翻的花瓣通常會最後再貼合。

製作花萼

33. 在工作板上擀1片草綠色塑糖，約0.2公分厚度，預留中脊線，用牡丹花花萼切模切下。

34. 用PME整型筆把花萼瓣邊緣推薄，做出微凹效果，用JEM整型筆翻面，做回捲動作，才能讓花萼非常自然。

花萼上色

35. 用圓頭刷筆沾草綠色色粉與森林綠色色粉，刷整個花萼內面，但要貼合在花的底端的位置不必上色，避免顏色沾到花瓣。

36. 用酒紅色色粉加深花萼裂處，再沾取茄色加深些許部位,會更顯自然。

37. 沾泰勒膠水在花萼中心及每片花萼裂處將花萼推至花瓣底端固定。

38

39-1

40-1

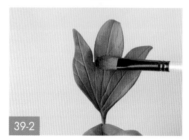

39-2

40-2

製作葉片

38. 取一塊草綠色的塑糖在工作板上，擀成有中脊線的糖片，約0.2公分厚度，用兩款牡丹葉切模切下1片三合葉與二合葉。鐵絲穿入葉片的位置大約在葉瓣最長的中間過半的地方。用牡丹花葉印壓脈紋，再以球型棒繞著花瓣邊緣推壓出些微波度，放置待乾。

牡丹葉片上色

39. 用葉子色色粉與草綠色色粉刷全葉，再輕沾非常微量的酒紅色色粉刷過，最後用茄色色粉加強，刷在葉片一小塊地方與花萼花莖處。

花葉組合

40. 最後用花藝膠帶包覆貼好花莖葉莖，葉片綁在花莖下約7-10公分位置即完成。

大理花屬於菊科，所以也有很多型態，但在這本書裡我們先介紹比較普遍能看到的款式。在這朵花的中心部分，剛開始製作兩三層與菊花的作法相似，但接下來的幾個層次花瓣的長短與開合是比較不規則長度的分布，而後半部層次的花瓣則需要更多整型，才能顯出大理花的艷麗。

flower 05

Dahlia

大 理 花

PREPARATION

材料用具

A. 糖花工作板、防沾擀麵棍、海棉墊、EPE發泡墊、尖嘴鉗、剪刀、刷筆

B. 糖花造型基本工具組，泰勒膠水、玉米粉、白油、大理花切模、大理花葉切模、大理花葉矽膠模

C. 白色塑糖、桃色色膏、淺粉紅色色膏、苔綠色色膏、玫瑰紅色色粉、桃紅色色粉、紅寶石色色粉、茄色色粉、葉綠色色粉，森林綠色色粉、檸檬黃色粉、18號鐵絲、26號鐵絲、花藝膠帶

製作重點

此類型的大理花的特點是「同一層次的花瓣但有不同的花瓣長度」，主要掌握每瓣的整型，越靠花芯層的部分越捲。若要增加半開或花苞的花朵，製作到前3或4層即可，並在花瓣底端包覆花萼。

事前準備

預先將白色塑糖染成淡桃色加淺粉紅色塑糖備用。

作法 STEPS

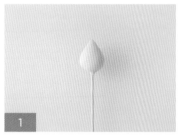

2-1

2-2

2-2

3-1

3-2

4-1

4-2

5

製作第1層花瓣

1. 用尖嘴鉗將18號鐵絲一端彎成彎勾，用淡粉桃色塑糖做1個錐形，尖端到球體寬1公分＊長1.2公分（建議前一天先做好）。

2. 取一塊粉色糖塊搓揉成圓形放在工作板上，用防沾擀麵棍擀至薄透，大約少於0.1公分的厚度，用8瓣大理花切模（寬4.5公分＊長4.5公分）切下，再用輪刀將每瓣切成對半。

3. 將花瓣放在海棉墊上，用PME整型筆從花瓣底端往上緣推壓，將花瓣稍微拉長並壓薄，再以直角尖頭整型筆從花瓣上緣壓回中心方向，使花瓣形成朝內彎弧形。

4. 讓錐形球表面沾上泰勒膠水，將花瓣中心穿過鐵絲，讓花瓣包覆整個花芯。

製作第2層花瓣

5. 重複作法1-3，花瓣沾泰勒膠水交錯貼在比第1層略高的地方，花瓣上緣些微開。

6-1

7-1

8-3

6-2

7-2

8-4

6-3

8-1

8-5

8-2

9

製作第3層花瓣

6. 重複作法1-3，花瓣不必對半剪開，將每片花瓣的接近中心左右對捲，沾泰勒膠水，比第2層略高交錯貼上。

製作第4層花瓣

7. 擀1片長約15公分*15公分的糖片，用寬1公分*長3公分切模（三瓣合）切下數片，用輪刀切開每片的3瓣，先取一瓣整形，其餘花瓣放在保濕膠片中防潮。

8. 用PME整形推壓花瓣邊緣，再以切刀頭端在花瓣上畫出數條直線脈紋，將花瓣底端的1/3處做捲合。

9. 將作法7-9有捲合的花瓣隨機貼合在第3層外圍。

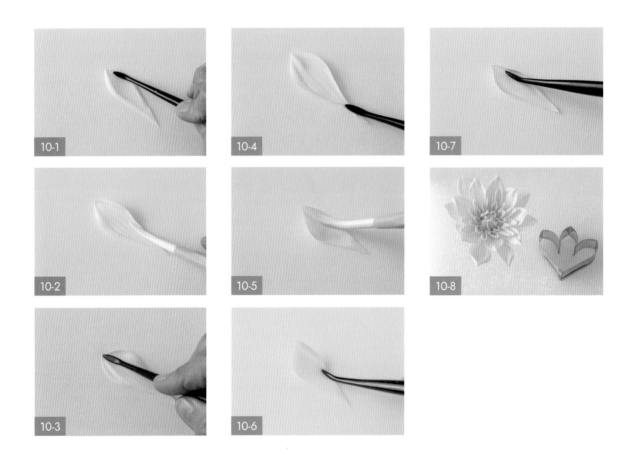

製作第5層花瓣

10. 重複第4層作法，包含擀平
糖片切模及花瓣整型。此層
用PME整型筆將花瓣推壓得
更薄，以JEM與PME整型筆
切刀頭端在花瓣上畫出數條
直線脈紋，花瓣底部捲合比
前層少花瓣較開，再隨機貼
合在第4層外圍。

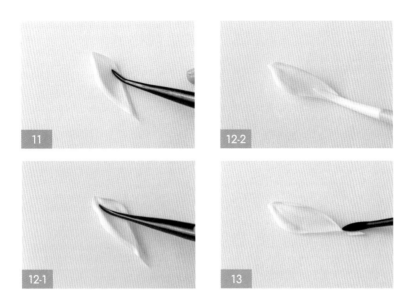

製作第6層花瓣

11. 擀一片大塊糖片，使用寬1.5
    公分＊長4公分切模（三瓣
    合，切模樣式同作法10-8）
    切下數片，先取一片整形，
    其餘花瓣放在保濕膠片中防
    潮。用PME整型筆將花瓣推
    壓得更薄，以切刀頭端在花
    瓣上畫出數條直線脈紋，再

    用JME整型筆的尖頭端傾15
    度角，從花瓣兩側滑至花瓣
    底部，使花瓣有些微向內。

12. 讓花瓣背朝上，用JEM整型
    筆尖頭端65度斜角壓滑花瓣
    兩側邊至花瓣底部。

13. 重複作法11-13，做出9至15
    片，隨機交錯貼在前層花瓣
    外圍。

14

16

18

15

17

製作第7層花瓣

14. 重複作法11-13，用寬2公分*長6公分切模（三瓣合）切模並整型花瓣。

15. 重複作法11-13，做出7-9瓣，視整個花朵花瓣貼合後的完整性，再決定是否需增加1-3片當成最外層的花瓣。

製作花萼

16. 用防沾擀麵棍擀2片0.1公分厚度的糖片，用8瓣切模（寬3.5公分*3.5公分）切下糖片，用PME整型筆推壓花萼，使葉片弧形朝內，將其中1片的花萼瓣用PME整型筆多推、使其拉長些。

17. 先貼上大片花萼，再交錯貼上小片花萼。

製作葉片

18. 取一塊糖搓揉成水滴形放在工作板上，用防沾擀棍將糖片擀至0.2公分的厚度，再用尖頭造型筆微斜放成錐形角度，分別往兩側推向外推薄保留中脊線的厚度。用26號鐵絲穿至葉片中脊線一半，用球型棒推壓花瓣邊緣變薄，用大理花葉矽膠模壓脈紋放置待乾。

花萼上色

19. 圓形筆刷沾草綠色色粉為花萼上色。

花芯花瓣上色

20.用圓頭刷筆輕沾沾桃紅色色粉，從花瓣中心往外刷使顏色由深逐漸變淡，再沾玫瑰紅色色粉稍稍蓋過桃紅色色粉，再以分別以紅寶石色色粉加強花瓣中心。

葉片上色

21. 用葉子色色粉與草綠色色粉刷全葉，輕沾非常微量的酒紅色色粉刷上，再用茄色色粉加強刷在葉片一小塊地方與花萼和花莖處。

Chapter5

Advanced

進階花型

這個章節進入比較高階的花，對於沒有經驗的學習者來說，或許有一些難度，但是如果在前面幾個章節都有按部就班的學習，從基礎到一些基本技巧的運用，相信到了這個章節對各位來說不會是困難，而是去享受做糖花的樂趣。

Advanced/Master class

技巧混用的練習

在此章節中,會學習許多主題花,各有不同的花芯樣貌,還有牡
丹菊的層次組合、虎頭蘭的唇瓣以及蘭花萼瓣都呈現出高雅的氣
息,它們特別適合加入蛋糕裝飾中,會是很加分的亮點。

1

2

虎頭蘭有著很獨特的唇瓣,練
習多觀察真花來繪製紋路,剛
入門者,可選擇較為簡單的斑
點花紋開始。

松蟲草的花型有兩大特色,包
含根根分明的花芯和不規則波
浪狀的花瓣,是兩大練習製作
的重點。

3

4

5

練習製作罌粟花特有的放射狀花芯，以及學習應用PME造型筆劃花瓣，讓花瓣有深刻的紋路效果。

大衛奧斯汀花芯的組成比較複雜，慢慢練習亂中有序地整理叢聚的小花芯。

菊花是層層疊疊包覆糖花而成的花型，製作時要留意上色時間的掌控妥當，以免糖片很快變乾。

一到過年期間迎春納福，虎頭蘭成了許多家庭會購買的花。虎頭蘭長得雍容華貴，最近在婚禮蛋糕裝飾上經常出現，所以將這朵花放入學習的題材。主要學習的重點在蕊柱的製作以及如何將唇瓣姿態呈現出來，以及萼片與花瓣的組合。在蘭花系列的花卉有多種款式，也有其他非常美的顏色，建議學習者可以多做嘗試。

flower 01

Cymbidium

虎 頭 蘭

PREPARATION

材料用具

A. 糖花工作板、防沾擀麵棍、海棉墊、小平刀、EPE發泡墊、尖嘴鉗、鐵絲、剪刀、刷筆、細刷筆

B. 糖花造型基本工具組、泰勒膠水、玉米粉、白油、花藝膠帶、虎頭蘭花切模、虎頭蘭花矽膠模、虎頭蘭花唇瓣矽膠模

C. 白色塑糖、密瓜黃色色膏、苔綠色色膏、檸檬綠色色粉、深梅色色粉、酒紅色色粉、深茄色色粉、24號鐵絲、26號鐵絲

製作重點

虎頭蘭的蕊柱與唇瓣是這朵花的靈魂，如果可以仔細地把兩者之間的弧度做出來，那麼就非常完美了。繪唇瓣是比較挑戰的技術，建議初學或做糖花經驗不多的人可選擇較簡單的斑點花紋開始練習。

事前準備

預先將白色塑糖染密瓜黃色色膏加草綠色色膏備用。

作法 STEPS

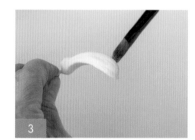

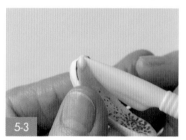

製作蕊柱

1. 取一塊白色塑糖，搓揉成胖水滴長約4公分，壓入花蕊矽膠模，取出後用剪刀稍做整型。

2. 用尖嘴鉗將24號鐵絲做出一個彎勾，沾上泰勒膠水插入柱心，將蕊柱微彎朝前傾，撫順鐵絲與糖接黏處，移除多餘的糖。

蕊柱上色

3. 用中型圓筆刷沾深梅色色粉，從柱頭頂處往下刷，讓顏色由深變淺。

4. 將95%酒精與寶石紅色色粉、酒紅色色粉調色，用細刷筆沾取，點一些小斑點在蕊柱底端的凹處。

5. 取一塊約米粒大小0.5公分長的糖塊搓圓，將蕊柱頭彎部內側沾泰勒膠水，小糖塊橫放黏上，用小切刀在糖塊中間切出分痕。

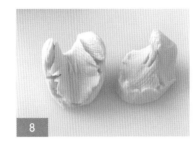

製作唇瓣

6. 取一糖塊搓揉成大水滴形放在工作板上，用防沾擀麵棍將糖片擀成中間為0.3公分至兩邊薄於0.1公分的厚度，用虎頭蘭的唇瓣切模切下。

7. 將唇瓣放在海棉墊上，用球型棒推壓花瓣邊緣，使得花瓣邊緣更薄。

8. 用虎頭蘭的唇瓣矽膠模壓出兩縱脈紋，再以鑷子補強乳突的部分。

9. 必要時可用剪刀修飾唇瓣的橢圓形裂，以PME整型筆把唇瓣邊緣糖片推薄，再沾泰勒膠水在唇瓣後端，將兩側包裹住蕊柱底端。

10. 沾泰勒膠水於唇瓣兩縱乳突，用小平刀取黃色吉利丁混合粉末，平均撒在兩縱乳突上，完成後將唇瓣放回矽膠模待半乾定型。

唇瓣上色

11. 將95%酒精與酒紅色色粉加深茄色色粉調色，用細刷筆沾調色畫唇瓣上的斑紋和斑點線，放回原矽膠模上待定型。

製作萼瓣

12. 取淡檸檬黃綠色塑糖，搓成圓形放在工作板上，用防沾擀棍先擀平約0.2公分厚度，用尖頭造型筆微斜放成錐形角度，分別往兩側推向外推薄邊緣，保留中脊線的厚度以便穿鐵絲，再用虎頭蘭花萼切模（寬3.8公分＊長6公分）切下糖片。將26號鐵絲沾泰勒膠水，以旋轉方式穿入花萼瓣脊線約一半處，用手指順糖確實將鐵絲與糖接合好，將花萼瓣放在海棉墊上，用球型棒推壓邊緣變薄。重複以上動作完成3片花瓣。

製作花瓣

13. 取淡檸檬黃綠色塑糖，搓成圓型放置工作板上，用防沾擀麵棍先擀平約0.2cm厚度，用尖頭造型筆微斜放成錐形角度，分別往兩側推向外推薄邊緣，保留中脊線的厚度以便穿鐵絲。

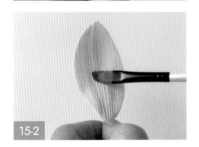

14. 使用虎頭蘭花瓣切模（寬3公分*長6公分）切下糖片，將26號鐵絲沾泰勒膠水，以旋轉方式穿入花瓣脊柱約一半處，用手指順糖確實將鐵絲與糖接合好。將花瓣放在海棉墊上，用球型棒推壓花瓣邊緣，使得花瓣邊緣更薄。重複以上動作完成2片花瓣。

花瓣上色

15. 先用大號圓形刷筆沾青檸綠色色粉，在花瓣的中間部位刷色，再用非常淡的深梅色色粉在靠近與蕊柱、唇瓣接合處輕刷，讓整支花增添顏色。

花瓣萼瓣組合

16. 將3片萼瓣先定位頭、腳的三角位置與蕊柱、唇瓣，再用花藝膠帶貼合包覆。

17. 將2片花瓣如左右翅膀那樣放置，用花藝膠帶貼合包覆好。

這麼美的花，怎麼中文名稱會叫松蟲草？原來有比較不奇怪的別名，稱之「紫盆花」、「洋冠笄花」。市售可以看到一些松蟲草的切模，這裡示範用剪刀與基本工具配合運用完成花瓣，是可以自由且自然地表現出擬真的松蟲草。熟練之後，在婚禮蛋糕的裝飾上，可以節省掉不少製作時間。

flower 02

Scabiosa

松 蟲 草

PREPARATION

材料用具

A. 糖花工作板、海棉墊、尖嘴鉗、小平刀、EPE發泡墊、剪刀、刷筆

B. 糖花造型基本工具組、泰勒膠水、玉米粉、白油、花藝膠帶

C. 白色塑糖、密瓜黃色色膏、鵝莓色色膏、紫色色膏、奇異果色色粉、葉子色色粉，非洲紫色色粉、酒紅色色粉、深茄色色粉、人造花蕊、18號鐵絲、22號鐵絲

製作重點

松蟲草是極為浪漫的花朵，在花瓣的整形上可以大膽地創造出波浪的樣子，即使在製作過程中劃破也不要太在意，越不規則的波浪花瓣越是自然。

事前準備

預先將白色塑糖染成紫色塑糖、鵝莓色塑糖、蜜瓜黃加草綠色塑糖備用。

作法 STEPS

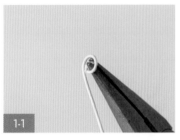

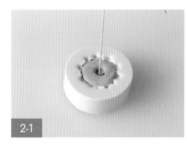

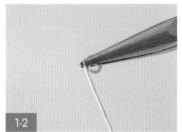

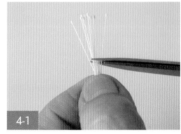

製作花芯蕊

1. 用尖嘴鉗將18號鐵絲的一端做一個圓形頭座。

2. 取一塊淡鵝莓色色塑糖，用松蟲草花芯矽膠模塑型，置入塑糖前，先撒玉米粉在矽膠模內層，以防止糖嵌壓時沾黏。

3. 將塑型好的松蟲草花芯取出，並撫順鐵絲與糖接黏處，移除多餘的糖。

4. 剪掉人造花蕊蕊頭，將蕊支修剪得長短不一，隨意插在花芯邊緣。

5

7-1

6

7-2

花蕊上色

5. 將花蕊頂端沾泰勒膠水，沾上非洲紫色色粉。

6. 讓人造花蕊蕊頭確定都沾上紫色色粉。

7. 用中小圓刷筆分別沾取奇異果色與深茄色，用沾點的動作讓花芯部分上色，再沾奇異果色粉於花芯部分溝紋處上色。

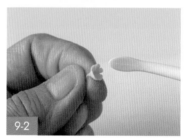

製作小花瓣

8. 搓揉一個小小水滴塑糖，用
　 細尖頭造型筆從水滴狀頂端
　 插入，以360度旋轉創造出
　 一個錐形洞口。

9. 用剪刀將錐形口剪成五瓣，1
　 大、2中、2小瓣。用食指跟
　 拇指將花瓣壓成扁平。

10-1

11-1

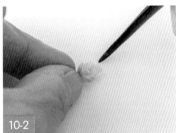

10-2

11-2

10-3

10. 將花瓣倒放在海棉墊上使用
PME整型筆整形花瓣，輕壓
每一片花瓣2至3次從中間處
往外推薄。

11. 用手指將花瓣朝外撥開做出
花朵全開狀態，沾泰勒膠
水，貼於花芯周邊，重複以
上方式做12-15朵，將小花隨
機貼合圍繞於花芯1圈，用尖
頭造型筆的尖頭輔助貼黏在
花芯蕊的表面。

製作外層花瓣

12. 搓揉塑糖成一個長3.5公分的水滴，用細尖頭造型筆從水滴狀頂端插入。先做出錐形洞口，剪成5瓣（1大、2中、2小），用拇指及食指壓扁花瓣。重複作法10，並以PME整型筆劃出脈紋。

13. 將花瓣正面放在海棉墊上，用PME整型筆整形推壓花瓣，將大片花瓣拉至1公分，再用PME整型筆左右來回劃在花瓣上。

14. 以PME整型筆頭圓尖端側角推壓花瓣上緣，在花瓣中心畫細紋線條作為脈紋 。

製作花瓣

15. 以PME整型筆頭圓尖端側角推壓花瓣上緣，中心劃出細脈紋，再用尖頭造型筆尖端插入花瓣中心，捏合5瓣底端做成花朵狀。

16-1

17

19

16-2

18-1

20

16-3

18-2

製作花萼

16. 隨機交錯貼合在小花瓣的下緣，5瓣中的長瓣要貼在下緣，2個小瓣貼在上緣。重複作法13-16，隨機貼合8-9片花瓣。

17. 擀一片0.2公分的糖片，用松蟲草花萼切模切下，因為松蟲草的葉片較細，用小平刀從切模裡慢慢推糖片，以避免破裂。

18. 用整型筆從花萼瓣上緣往中間壓回，讓花萼葉有些微的幅度。

19. 沾泰勒膠水塗在花萼中間，將鐵絲穿過花萼中間，黏貼在花朵下方。

製作花苞

20. 重複作法1-7，做5-7朵小花，隨機貼合在花芯外緣或花芯上緣，最後貼上花萼，完成花苞製作。

21

22

24

23

製作葉片

21. 取一塊糖搓揉成水滴狀放在工作板上，用防沾擀棍將糖片擀至0.2公分的厚度，用尖頭造型筆微斜放成錐形角度，分別往兩側推向外推薄，以保留中脊線的厚度可穿鐵絲。用26號鐵絲穿入葉片中脊線的一半，用球型棒推壓葉瓣，使得邊緣變薄，用葉片矽膠模壓脈紋，放置待乾。

花瓣上色

22. 用中號圓刷筆沾非洲紫色色粉、從花瓣上緣邊往中間刷，加強花瓣邊緣的色彩，讓花瓣波紋更顯著。

花萼上色

23. 用中號圓刷筆沾葉子色色粉，刷在花萼上。

花朵組合

24. 用一朵主花配置兩朵花苞，用花藝膠帶將花莖綁好。

第一次看到罌粟花，是女兒帶我到猶他州鹽湖城的聖殿廣場。那是我第一次親眼看到罌粟花，深深地被正在風中搖曳的花姿給吸引，當下拍了許多張照片，希望能做出這麼美的花。整體來說，製作過程並不困難，但是我常說越簡單的花，在花瓣製作上要更能表現出它的姿態唷。

flower 03

Poppy

罌 粟 花

PREPARATION

材料用具

A. 糖花工作板、防沾擀麵棍、海棉墊、尖嘴鉗、EPE發泡墊、剪刀、鑷子、刷筆

B. 糖花造型基本工具組、泰勒膠水、玉米粉、白油、罌粟花切模、罌粟花矽膠模、花藝膠帶

C. 白色塑糖、蜜桃色色膏、蛋黃色色膏、苔綠色色膏、向日葵色色粉、乳黃色色粉、青檸檬色色粉、葉子色色粉、黃色小花蕊、黃色吉利丁混合粉末、20號鐵絲、26號鐵絲

製作重點

除花芯花蕊的細節外，使用罌粟花花瓣矽膠模壓花紋路時，請盡可能將花瓣深刻的紋路顯現出來，而且罌粟花有非常多的顏色，建議大家可以多試試其他的一些色系。

事前準備

預先將白色塑糖染成青檸檬綠色塑糖、淡黃橘色塑糖、草綠色塑糖備用。

作法 STEPS

製作花芯

1. 取一塊青檸檬綠色塑糖搓揉成圓形，用尖嘴鉗夾好鐵絲彎勾，用20號鐵絲從中心插入底端並與鐵絲包合推順，移除多餘的糖。

2. 用小切刀在圓形糖球上劃出8道切紋。

3. 用鑷子在圓形球頂上夾出放射軸，約8-9條脊線。

4. 沾泰勒膠水在每條脊線上，再均勻沾上黃色吉利丁混合粉末。

製作花蕊

5. 搓一塊非常非常小的糖，壓成寬0.5公分*長1.5公分的薄片，準備20支人造花蕊（長約2公分），剪去花蕊一頭，底部置放在小糖片上。

6. 用糖片包覆好花蕊底部，做出5-6束花蕊。

7. 將花蕊平均分佈黏貼於花芯圓的周圍後放在旁邊待乾。

製作內層花瓣

8. 將淡黃橘色色塑糖搓成水滴形放在防沾板上，用防沾擀麵棍先擀平約0.2公分厚度，用尖頭造型筆微斜放成錐形角度，分別往兩側推向外推薄邊緣，保留中脊線的厚度，以便穿鐵絲。

9. 使用罌粟花切模（寬4公分＊長4公分）切下花瓣。

10. 用號鐵絲沾泰勒膠水，以旋轉方式穿入花瓣脊線約一半處，用手指順糖確實將鐵絲與糖接合好。將花瓣放在海棉墊上，用球型棒推壓花瓣邊緣，使得花瓣邊緣更薄。

11. 把花瓣放在矽膠模上，脈紋線的上下對齊中線與脈絡，壓出花瓣脈紋。

12. 用PME整型筆將花瓣上緣壓出些微的波浪狀。

13. 將整型筆斜45度角，用筆的斜面上緣推壓花瓣上緣，造成自然上下波紋。

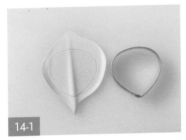

14-1

14-4

17-1

14-2

15

17-2

14-3

16

17-3

製作外層花瓣

14. 重複作法8-13，使用寬5公
分＊長5公分切模，做出5片
花瓣。用球棒及PME造型筆
做出花瓣脈紋及波浪造型。

15. 用拇指和食指將花瓣扭轉，
做出外翻的效果。

花瓣上色

16. 用圓頭刷筆沾乳黃色色粉，
從花瓣底往上緣刷，使顏色
由深逐漸變淡，再輕沾向日
葵花色色粉從相同部位輕輕
刷過。

花瓣組合

17. 將大的花瓣分成兩組，先組
合4片，貼近花芯蕊再組5
片，組合時要注意花瓣之間
的交錯。

製作葉片

18. 取一塊糖，包覆在26號鐵絲上，讓整支葉莖由粗到細撫順。

19. 取一塊糖搓揉成水滴狀放在工作板上，用防沾擀棍將糖片擀至0.2公分的厚度，用尖頭造型筆微斜放成錐形角度，分別往兩側推向外推薄，保留中脊線的厚度，切下糖片。

20. 用26號鐵絲置放葉片中脊線用罌粟花葉片矽膠模壓脈紋，輕沾膠水，同時將置中的鐵絲壓貼好，放置待乾。

花朵&葉片上色與組合

21. 用圓頭刷筆沾取草綠色色粉，刷在葉片上做出深淺。罌粟花花莖較長，花瓣與葉片距離可拉至7-10公分，用花藝膠帶將花葉固定綁好。

這朵玫瑰是一位英國的紳士大衛奧斯汀在1961年培育出來的品種。在過往的教學經驗中，最多學生會想學習怎麼做大衛奧斯汀玫瑰，因為這麼美麗高雅氣質的花深深地感動許多女孩子的心。我個人的經驗是，用塑糖可以非常淋漓盡致地把這款花的內涵表現出來，在婚禮蛋糕裝飾時一定會派上用場。

flower 04

David Austin Rose

大 衛 奧 斯 汀 玫 瑰

PREPARATION

材料用具

A. 糖花工作板、防沾擀麵棍、海棉墊、EPE發泡墊、尖嘴鉗、剪刀、大湯匙

B. 糖花造型基本工具組、泰勒膠水、玉米粉、白油、5公分保麗龍球、6公分保麗龍球、大衛奧斯汀玫瑰切模、大衛奧斯汀玫瑰矽膠模、花藝膠帶

C. 白色塑糖、桃色色膏、淺粉紅色色膏、苔綠色色膏、玫瑰紅色色粉、桃紅色色粉、紅寶石色色粉、茄色色粉、葉子色色粉，森林綠色色粉、檸檬黃色粉、18號鐵絲、26號鐵絲、4公分保麗龍球

製作重點

大衛奧斯汀玫瑰中間的花瓣是幾片花瓣構成1小束的結構，有3-8束型態，製作時，每1束花瓣的中心都要朝著最中心方向，此花可說是亂中有序的組成。

事前準備

預先將白色塑糖染淡桃色加淺粉紅色塑糖備用。

作法 STEPS

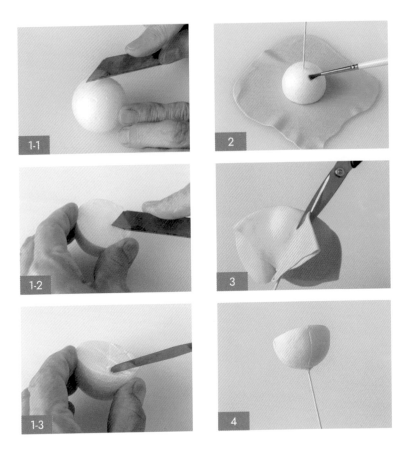

製作花芯

1. 用美工刀切除4公分保麗龍
   球的1/3，再延著圓周朝內
   0.2公分，往內往下挖空約
   深0.5公分。

2. 用尖嘴鉗將18號鐵絲的一端
   做1個彎勾，鐵絲穿過保麗
   龍球中心點，擠點熱熔膠在
   彎勾處，把彎勾往下拉進保
   麗龍球，直到看不到彎勾為
   止，但勿過於用力以免將鐵
   絲拉出。

3. 用防沾擀麵根擀1片糖片，薄
   度少於0.1公分，大小需能覆
   保麗龍球包覆起來，用剪刀
   切開糖片的4個角落。

4. 讓糖片能完全包覆住保麗龍
   球，再剪掉多餘的糖。

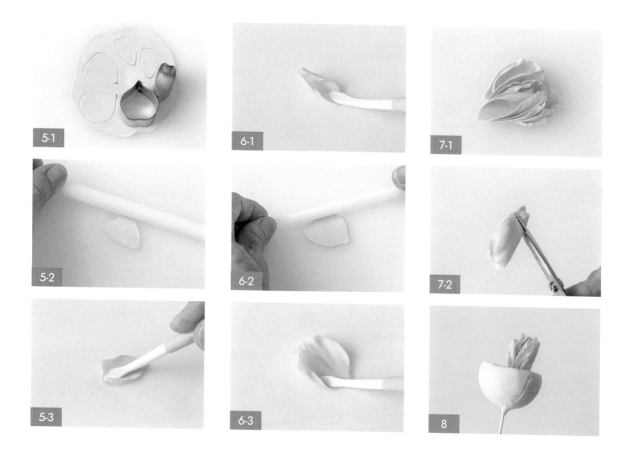

5-1　6-1　7-1

5-2　6-2　7-2

5-3　6-3　8

製作中心層花瓣

5. 取一塊糖搓揉成圓形放在工作板上，用防沾擀麵棍將糖片擀薄，需少於0.1公分。用橢圓形玫瑰切模（寬1.5公分*長2.5公分、寬2.5公分*長3公分）各切3片，先整形1片花瓣，其餘5片先放在花葉瓣保濕膠片中。

6. 將花瓣放在工作板上，用尖頭造型筆推壓圓周花瓣邊緣，使得花瓣邊緣更薄，再用PME整型筆將花瓣上緣壓出些微的波浪狀。

7. 將PME整型筆斜45度角，用筆的斜面分別從兩邊上側緣往下緣壓捲將花瓣外緣向內捲，使左右兩邊靠合呈捲軸狀。

8. 在花瓣下緣沾泰勒膠水，將6片花瓣由大到小重疊排列，讓花瓣兩側向內捲成為1個小花束。

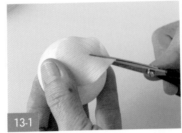

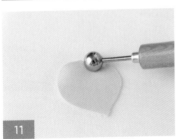

製作第1層花瓣

9. 重複作法5-7，完成另外5撮小花束。用剪刀斜剪小花束下方的1/4，讓6撮小花束呈放射狀，放在保麗龍球中心的凹槽裡。

10. 用大衛奧斯汀玫瑰切模（寬3.3公分＊長4公分）切下6-7片花瓣。

11. 以球型棒推壓花瓣邊緣變薄。

12. 用矽膠模壓出花脈紋路。

13. 在花瓣底部中線往上的地方剪開約1.5公分，利用5公分保麗龍球幫花瓣作半圓定型。

14. 將6-7片花瓣貼在花瓣中心外圍的保麗龍球上，貼合位置需高於花瓣0.3公分圍一圈。

製作第2層花瓣

15. 重複作法10-14，用大衛奧斯汀玫瑰切模（寬4.3公分＊長4.5公分）切下6-7片。

16. 用尖頭型造型筆圓柱桿將花瓣上緣推得更薄。

17. 用玫瑰矽膠模壓出紋路，以保麗龍球定型花瓣後，沾泰勒膠水在花瓣最下緣，將花瓣順圓周方向比第1層高0.1公分的位置貼合。

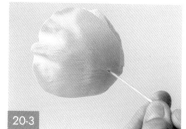

製作第3層花瓣

18. 重複作法10-14，花瓣位置與第2層同高貼合。

製作第4、5層花瓣

19. 重複作法10-14，分別用大衛奧斯汀玫瑰切模（寬4.5公分＊長5公分、寬5.3公分＊長5.5公分）各切6-7片，用6公分保麗龍球幫花瓣作半圓定型。自第4層起，每一層次貼合需與前層花瓣低0.1公分。

製作第6層花瓣

20.重複作法10-14，用大衛奧斯汀玫瑰切模（寬6.3公分＊長6公分）切下6-7片，花瓣整形後，用竹籤外捲1圈，讓花瓣最上緣外翻自然展開，用大湯匙待乾定型，隨機貼合在最外層。

21

23

25

22-1

24-1

26

22-2

24-2

27

製作花萼

21. 取一塊草綠色塑糖搓成約4公分的長水滴形，頭端糖量較多，用雙手拇指與食指中指將塑糖捏成墨西哥帽型，放置工作板上。

22. 用尖頭型造型筆把墨西哥帽型的外緣向外推長，以圓周方向推薄成為8公分*8公分的圓形糖片。

23. 用玫瑰花萼切模切下糖片。

24. 用球型棒推壓花萼瓣，再用PME整型筆輕壓中心，推2-3次，做出微幅凹槽。

25. 用球型筆為花萼中心做出一個錐形口。

26. 剪出每個花萼瓣的細鬚。

27. 將鐵絲穿入花萼，將花萼往上推到玫瑰花底部，用泰勒膠水沾在花萼裂口處與玫瑰花底部貼合。

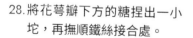

28. 將花萼瓣下方的糖捏出一小坨，再撫順鐵絲接合處。

花瓣上色

29. 用圓頭刷筆輕沾桃紅色色粉，從花瓣中心往外刷開使顏色由深逐漸變淡。

30. 花瓣層沾桃紅色色粉及腮紅色色粉混色，從深層位置往上輕輕地刷色，可分別以酒紅色色粉、茄色色粉加強花瓣邊緣線。

花萼上色

31. 用中圓頭刷筆沾草綠色色粉，由花朵與鐵絲處接合處刷開到花萼瓣尖端，可用酒紅色色粉、茄色加深些許部位，會更顯自然。

菊花一直是我非常喜愛的花,它有很多的花瓣堆疊在一起,如果要一片一片做,那麼上百片的花瓣一定會非常耗時。但是多虧科技日新月異的進步,在糖花的專業人士研究下已有很好的材料工具出現,能幫助我們可以用更簡單快速的方式完成擬真的菊花。

flower 05

Chrysanthemums

菊花

PREPARATION

材料用具

A. 糖花工作板、防沾擀麵棍、海棉墊、EPE發泡墊、尖嘴鉗、剪刀、大湯匙

B. 糖花造型基本工具組、泰勒膠水、玉米粉、白油、菊花切模、菊花葉切模、菊花葉矽膠模、花藝膠帶

C. 白色塑糖、蛋黃色色膏、蜜瓜黃色色膏、鵝莓綠色色膏、苔綠色色膏、紅寶石色色粉、茄色色粉、葉子色色粉、檸檬黃色粉、18號鐵絲、26號鐵絲、2.5公分保麗龍球、3公分保麗龍球

製作重點

菊花的花瓣數非常多而且細緻,在花瓣乾了會更為脆弱、建議用色膏調色的技巧,先將花瓣的顏色呈現出色差。若要幫花瓣上色,那麼就必須在糖片切下整型後立即上色為佳。

事前準備

預先將白色塑糖染成黃色塑糖、淡檸檬黃色塑糖備用。

作法 STEPS

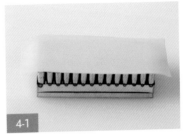

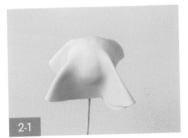

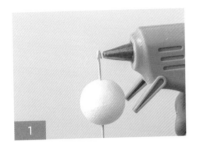

製作花芯

1. 用尖嘴鉗將18號鐵絲的一端做1個彎勾,鐵絲穿過保麗龍球中心點,擠點熱熔膠在彎勾處,把彎勾往下拉進保麗龍球,直到看不到彎勾為止,但勿過於用力以免將鐵絲拉出。

2. 用防沾擀麵棍擀1片糖片,薄度少於0.1公分,大小需能覆蓋保麗龍球,沾泰勒膠水把保麗龍球包覆起來。

3. 用剪刀切開糖片的4個角落,讓糖片能完全包覆住保麗龍球。

4. 取一塊淡檸檬糖搓成長條形放在工作板上,用防沾擀麵棍將糖片擀成4公分*9公分,薄度少於0.1公分,將糖放在長條14瓣合切模上(寬0.5公分*長1.5公分),用防沾擀麵棍將菊花瓣切下。

5

7

9-1

6

8-1

9-2

8-2

5. 用PME整型筆將14片花瓣推壓拉長，將每片花瓣下緣往上緣壓薄，將原切下尺寸推壓延展至寬0.6公分*長1.7公分。

6. 用直角整型筆將14片花瓣的最上緣往下壓回，使花瓣上緣變尖回捲。

7. 沾泰勒膠水在保麗龍球體的上半部，黏貼上第1層的14片花瓣，要將球體頂端完全覆蓋。

8. 重複作法4-7，將第2層花瓣整形好，貼在第1層外圍，黏貼部位比前層花瓣高0.1公分並交錯貼合。

製作第3、4層花瓣

9. 重複作法4-7，用黃色塑糖做第3、4層花瓣，黏貼位置比前層高0.1公分，需與前1層花瓣互相交錯貼合。

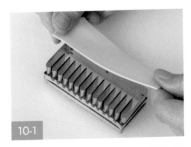

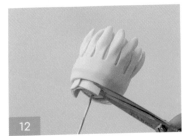

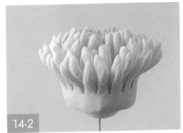

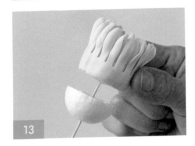

製作第5層花瓣

10. 取一塊糖搓成長條形放在工作板上，用防沾擀麵棍將糖片擀成4公分*9公分，薄度0.1公分，將糖置放於長條14瓣合切模上方（寬0.5公分*長2公分），用防沾擀麵棍將菊花瓣切下。

11. 用PME整型筆將花瓣由最上緣往下壓回，使花瓣上緣回捲，貼合位置與第4層同高，花瓣互相交錯貼合。

12. 重複以上作法，用PME筆整形花瓣，推壓得更長更寬，貼的位置和前1層花瓣同高，讓花瓣交錯貼合，修剪底部多出球體的糖。

13. 將3公分保麗龍球上端的1/2去除，放在作法12的花瓣底部，成為柱形球體。

製作第6層花瓣

14. 重複作法10-12，整形花瓣時要讓越外層的花瓣更寬長。貼合位置逐漸地往下，每次以0.1公分遞減黏貼，讓越外層的每片花瓣能逐層微微地開展。

15-1

16-2

19-1

15-2

17

19-2

16-1

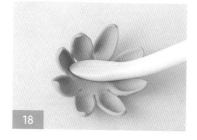

18

19-3

製作第7-10層花瓣

15. 重複作法10-12，用PME整型筆將原切下的糖片尺寸推壓，延展至寬1公分*長3公分（6瓣合切模每片花瓣寬0.9公分*長2.8公分）。

製作最外層花瓣

16. 通常最外層要依展開的花朵大小來決定製作片數，通常6瓣合要做8-10片，整形後放在大湯匙上等待定型，貼合時與前層保持交錯。

製作花萼與葉片

17. 用防沾擀麵棍擀出2片0.1公分厚的糖片，用8瓣小切模切下2片花萼。

18. 分別用PME整型筆推壓，使葉片弧形朝內。

19. 先將大片花萼貼上，再貼小片花萼，同樣注意讓花萼葉片交錯黏貼。全部黏貼好後，可放在定型器裡待乾。

20. 先用花藝膠帶纏好為第1層，邊纏邊捲緊。

21. 將廚房紙巾剪成細長條，纏繞為第2層，邊纏邊捲緊。

22. 用花藝膠帶纏繞成第3層，邊纏邊捲緊。

23. 用整形筆的筆桿把葉莖推順推平整。

製作葉片

24. 取一塊塑糖在工作板上擀出中脊線，請參閱「基本塑型動作練習」。再將鐵絲沾泰勒膠水，以旋轉方式穿入中脊線約一半處並固定好接合點。

花葉組合上色

25. 最後用圓頭筆刷沾苔綠色色粉，為花萼上色完成。

雙層蛋糕裝飾

這個作品呈現了東方美，讓菊花與蘭花在雙層六角形的蛋糕上相互呼應，另外用了小雛菊及磐根葉當成填充花做填補。主體是黃色，採用了黃白綠，加添一點粉色增加柔和感。

Chapter6

Decorative Leaves

裝飾用葉型

前面的章節介紹了10多種花型，在本章節中，我們將介紹4款
很好拿來裝飾蛋糕的葉型，包含了解它們不同的姿態、製作重
點…等。

常春藤　　Ivy
尤加利葉　Eucalyptus
銀葉菊　　Silver Ragwort
礬跟葉　　Heuchera leaf

Decorative leaves

葉片裝飾

製作糖花作品時，花型固然重要，但在花卉組合與蛋糕裝飾上也需要有葉片來妝點，尤其是整體花型與線條修飾上，葉片更是不可或缺的重要配角。在這個章節裡，會列舉幾款葉子是目前非常受歡迎拿來與花卉一同組合的葉型，組合時可以自由運用，並利用單片葉片來填充空隙，同時可以連接線條來修飾花型。

了解葉片生長方向是要訣

通常葉子生長方式有「互生」、「對生」、「輪生」和「叢生」，所以在組葉片時，如果能把葉片實際的生長樣態組合出來的話，會讓裝飾更自然並呈現其美感。但在糖花組合或蛋糕裝飾時，葉片是用來修飾線條及搭配為主，可自行做適合的調整，就有如切花的花卉組合。

作法 STEPS

做糖片與穿鐵絲

1. 將塑糖搓揉水滴狀，做出葉片中脊線，用直線
鐵絲沿著脊線，將沾了泰勒膠水的鐵絲以旋轉
方式穿入中脊線約一半處，以手指搓揉糖與鐵
絲接合點確實固定。

代表葉型：常春藤、尤加利葉

以糖衣包覆鐵絲

2. 取小量塑糖,利用拇指與食指沿著鐵絲一端做出搓滑的動作,把糖包覆鐵絲表面,將鐵絲置放在葉片與矽膠模之間,再壓出葉片脈紋。

   代表葉型:銀葉菊

架構糖衣鐵絲

3. 用花藝膠帶纏著幾支糖衣包覆的鐵絲,做出三角或放射軸,在架構好的鐵絲上沾泰勒膠水,再黏貼在葉片背面。

   代表葉型:礬根葉

註:
大多數葉片會以鐵絲穿過中脊線一半處的方式,也有人喜歡用鐵絲包覆,至於架構糖衣鐵絲的方法則用於大片葉面或圓形葉面整片朝上,無論哪種方法,只要能固定、支撐好葉片都可以是選擇。

在常春藤花語中有非常多正面意義，就拿「春天長駐」的意象來
說，就讓許多人感到喜悅，在鮮花切花或糖花組合中，是最常用
來做線條裝飾的葉型。

leave01

Ivy

常 春 藤

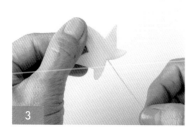

這款尤加利葉葉片可以用中脊線穿入鐵絲方式製作,是對生的葉片,非常適合拿來搭配玫瑰系列或圓形花卉。比較特殊的葉片顏色,會增添整束花的色彩。

leave02

Eucalypus

尤 加 利 葉

攀根葉的顏色五彩繽紛，在不同的環境、季節和溫度下，葉片顏
色又有著極豐富的變化。由於葉片是叢生的闊葉心形、多邊大片
的葉面，需用架構糖衣鐵絲的方式來支撐葉片，可以非常安全地
支撐住葉面。

leave03

Heuchera leaf

攀 根 葉

銀葉菊密覆了白色絨毛，其葉片很像雪花圖案，是極為雅緻的葉型，在婚禮花束上常出現。因為它有著較長的羽狀裂葉，需將以鐵絲包覆糖衣在整片葉面中間的脈絡當成支撐。

leave04

Silver Ragwort

銀 葉 菊

Appendix

附錄

在前面的Chapter2-6裡，示範了許多種花型葉型的製作，接下來想補充一些關於糖花的調染色技法，以及如何實際運用糖花來裝飾婚禮蛋糕。

Gum paste
coloring

塑 糖 調 染 色 技 法

在我學習糖花的初期，經常調不出適當的顏色，不是太深就是太淺，或者是在調配顏色的時候，將兩三種顏色混合後，發現並不是自己所要的顏色，而浪費了部分的塑糖。經過不斷的實驗和學習後，自己有整理出心得，這裡提供一些調色技巧給大家參考。

塑糖調色主要是用色膏加入白色塑糖，取得色膏時，建議用牙籤來沾取，使用過的牙籤沾到糖之後，就不建議再次沾色膏，以免造成色膏污染變質。

一般來說，塑糖調色會用牙籤沾取所需顏色的色膏，再混入白色塑糖，視染色後顏色的狀態再加色或加糖，或先用少量的糖加上多量的色膏先調出深色，如需要變淡顏色，再加點白色塑糖搓揉調整，這種方式對於有經驗的人來說，不是什麼問題，但對初學者會需要一些時間學習。

我個人建議初學者可以試試定量糖的方法來累積經驗，如此既省時也不至於因調色時間太長，而使得塑糖變乾了。

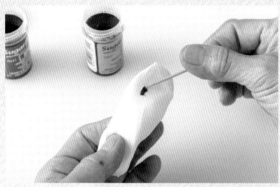

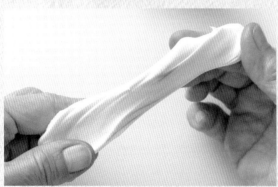

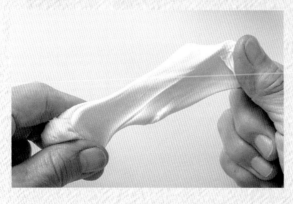

作法STEPS

1. 使用牙籤沾取色膏，與一小塊糖先混出深色，
   做為色母。

2. 接著將色母糖分對半，將一半染色的糖加等同
   量的白色塑糖，搓揉後再將其一半的糖加入等
   同量的白色塑糖。以此類推，使得顏色逐漸由
   深變淡。

3. 如需混合兩種以上的顏色色膏，可先參考調色
   卡，但調色結果往往會受到加入色膏量與糖量
   有色差，所以初次所使用的調色絕對要用微量
   色膏與微量的糖先試色為佳。

Coloring Technique

塑 糖 調 色 的 變 化

———

基本訣竅

請參考206-207頁的「色調圖示參考」，每往下一層，就加一倍量的白色塑糖，顏色就會逐漸變淺。若將相近色系混色，可使顏色變得柔和。

單色調淡

以白色塑糖沾染食用色膏，以定量倍增白色塑糖量使顏色變淺。

雙色以上混色

以兩種色膏混色，再加入以定量倍增白色塑糖量，或參考一般混色色卡圖，嘗試用不同色系的顏色來製作。建議新手多多參考色卡做混色，逐漸調整欲使用的塑糖量，比較能達成想要的色調。

Color mixing guide

色 調 圖 示 參 考

01	02	03	04	05	06

| 桃紅
Fuchsia | 蜜桃
Peach | 粉紅
Pink | 淺粉
Baby pink | 紫色
Purple | 深紫
Violet |

基本色系：白、紅、藍、黃、綠

07	08	09	10	11	12	13

藍色
Blue

海軍藍
Navy

蛋黃
Egg Yellow

蜜瓜
Melon

苔綠
Moss green

葉子
Foliage

鵝莓
Gooseberry

Dusting,brushing
and setting

刷 色 及 定 色 技 巧

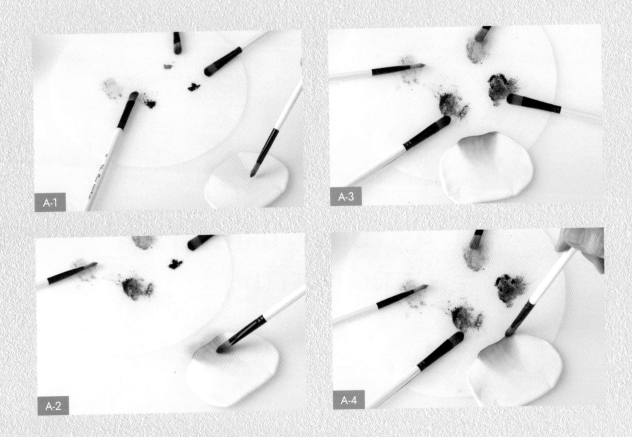

A-1

A-2

A-3

A-4

A 刷色・創造多層次與堆疊

能讓花瓣或葉片色彩飽滿,更
具立體感及特效。

B 刷色・輪廓邊緣刷畫

在輪廓邊緣暈色，能讓花瓣更
有細緻的質感。

C 刷色・95%酒精加色粉

以纖細畫筆畫出花瓣紋路，或藉由流動顏
料的方式，在較深的葉脈留下紋路。

D 定色‧使用食用亮光漆

噴上透明亮光漆，能使花瓣及葉片看來是鮮花及
新葉的樣子。

E 定色‧使用蒸氣

類似定妝的效果，利用蒸發水汽，使刷色後的色
粉可以維持住好看的顏色。

Sugar flower arrangement,fundamental

糖花組合的基礎概要

———

通常我們做花卉組合或蛋糕裝飾之前，需要事先完成構圖，這是相當重要的第1步驟。糖花的組合型態就如同鮮花切花的插花方式，分有圓形、扇形，三角形、L形與直線形，葉子的線條也會影響組合後的整個成品。

通常我們做花卉組合，無論用哪種型態呈現，一定先將主花放在最顯著的地方，接著是副花的位置，所以就要先確定好主花、副花，然後填充花，有些情況會另做葉片來陪襯。組合花束時，一定會先要觀察花的方向，當然一定會將最美的花放在最顯眼的地方，接著依序加入其他花，並細心地觀察蛋糕的每個面，以調整高低層次。

基本工具與材料

———

剪刀、尖嘴鉗、花藝膠帶、22號鐵絲、20號鐵絲、18號鐵絲

Tips1

開始組合花前，先檢查每朵花的花莖，看看葉莖是否用花藝膠帶包好，同時需要把太短的花莖或葉莖加上鐵絲延長其長度，以方便綑綁，如此也可避免組合過程停頓。

Tips2

糖花完全乾燥之後，會比較容易因為碰撞而脆裂開，所以組合綑綁花藝膠帶轉動時，要注意避免花與花或與葉之間的碰撞，所以綑綁過程可先保持花葉間的些許空間，等待綁好後再調整位置與方向，減少碰撞，才不會傷了作品。

Tips3

手綁過程中,若有移動原本設定位置時,可以小心地用尖嘴鉗調整花葉位置跟方向,將花束置入花瓶時,注意花瓶重量是否可支撐糖花花束,放入花之後,若瓶口周邊仍有空隙處,需用餐巾紙固定好,以免滑動。

Tips4

通常花束的綁法是從頭綁到整束花完成,所以組合組花的過程中,要加進填充花與用來做拉線條的葉片。

Tips5

倘若花束要放在花盆中,先將發泡墊放入花盆,再將組合好的花束插在發泡墊上。

Wedding
Cake decoration

婚 禮 蛋 糕 裝 飾 示 範

關於花朵擺放位置

首先，將主花的位置確定好，需要是面向最多目光、可以被看見的明顯位置，把陪襯的花先綁在一起，同時注意彼此間的間隙以避免碰撞。

關於綁法

糖花的綁法不同於一般切花花束的作法，因為蛋糕裝飾的花需先把花放入插花管中，再將插花管插入蛋糕體裡面，目的是為了避免鐵絲膠帶直接接觸到蛋糕。所以綁的花束需注意1束的厚度「是否可置入最粗的插花管」裡為基準。

使用插花管

插花管有不同大小的尺寸可選擇，視綁好的花束大小再選擇不同尺寸的插花管。比較細小的填充花可直接用花藝膠帶黏貼在牙籤上，再把牙籤與膠帶黏著處用翻糖包好，就可以直接插進蛋糕體裡。

運用翻糖葉片、羽毛壓模與珍珠，都是婚禮蛋糕裝飾的好用元素，可以再刷上銀粉或金粉來增加亮度。

這整座蛋糕是以白底、淡粉系列花卉組合，添加紫色丁香花及藍莓，除了作為填充花以補滿空隙之外，這些藍紫色的小花及圓形物，能顯現柔和色調，讓作品視覺是柔美中又帶有亮點。

好看的婚禮蛋糕不一定需要許多的花來妝點塞滿，設計上可以多利用不同葉片來裝飾以及拉出線條，增加熱鬧活潑和動感。

前面有提及蛋糕設計與裝飾的基礎概要，首先決定主花位置擺放外，副花與主花位置及協調性是重點，因此選擇了蝴蝶陸蓮與大理花，和主花奧斯汀玫瑰，組成三角形做呼應。

Suppliers

店 家 購 買 資 訊

———

**台灣・烘焙蛋糕藝術
材料專門店**

Taipei Sugar Art 糖藝術工房
https://taipeisugarart.com/

大福烘焙蛋糕裝飾專門店
https://www.bfd.we-shop.net/

———

國外・蛋糕糖花工具材料購物網站

Sugar Art Studio
www.sugarartstudeio.com

Global Sugar Art
www.globalsugart.comp

Sugar Delites
www.sugardelites.bcom

CK PRODUCTS
www.ckproducts.com

Michael's Craft Store
www.michaels.com

SQUIRES KITCHEN
www.squires-shop.com

Cake stuff
www.cake-stuff.com

擬真糖花極致美學

從基礎技法、配色到初中高階花型、
蛋糕裝飾、比賽用花，揭開糖花的美麗秘密

作者	Tina Chen
主編	蕭歆儀
特約攝影	Hand in Hand Photodesign 璞真奕睿影像
封面與內頁設計	劉佳旻
印務	黃禮賢、李孟儒

出版總監	黃文慧
副總編	梁淑玲、林麗文
主編	蕭歆儀、黃佳燕、賴秉薇
行銷總監	祝子慧
行銷企劃	林彥伶、朱妍靜

社長	郭重興
發行人兼出版總監	曾大福

出版	幸福文化／遠足文化事業股份有限公司
地址	231新北市新店區民權路108-1號8樓
粉絲團	https://www.facebook.com/Happyhappybooks/
電話	(02) 2218-1417
傳真	(02) 2218-8057

發行	遠足文化事業股份有限公司
地址	231新北市新店區民權路108-2號9樓
電話	(02) 2218-1417
傳真	(02) 2218-1142
電郵	service@bookrep.com.tw
郵撥帳號	19504465
客服電話	0800-221-029
網址	www.bookrep.com.tw
法律顧問	華洋法律事務所 蘇文生律師

印製	凱林彩印股份有限公司
地址	114台北市內湖區安康路106巷59號1樓
電話	(02) 2796-3576

國家圖書館出版品預行編目 (CIP) 資料

擬真糖花極致美學：
從基礎技法、配色到初中高階花型、
蛋糕裝飾、比賽用花，揭開糖花的美
麗秘密／Tina著

– 初版. – 新北市：幸福文化出版：遠
足文化發行, 2020.11
　面；　公分
ISBN 978-986-5536-23-7(平裝)
1.點心食譜

427.16　　　　　　　109015874

特別聲明
有關本書中的言論內容，不代表
本公司／出版集團的立場及意
見，由作者自行承擔文責。